全国机械行业高等职业教育“十二五”规划教材
高等职业教育教学改革精品教材

数控铣床加工程序编制与应用

主　编　孙德英
副主编　周　平　张学东
参　编　金　魁　程显敏　邹竹青
主　审　田　鸣

机 械 工 业 出 版 社

本书从应用角度系统地介绍了FANUC系统常用的数控铣削编程指令及其应用，重点介绍编程指令的基本理论及其实际应用方法、注意事项，并配套了数控铣削程序编制的辅助学习资料及编程练习题。本书内容包括：数控铣削程序基本指令、数控铣床坐标系指令、刀具半径补偿指令、孔加工循环指令、子程序指令、刀具长度补偿指令、数控加工中心程序编制、宏程序编程基础、典型零件的数控铣削程序编制、数控铣削概述、数控加工中心概述、数控多轴技术概述。

本书可作为普通高等教育工科类院校和高等职业院校机电类专业的教材，也可供从事数控铣床（含加工中心）加工操作的人员参考。

本教材配有电子教案，凡使用本书作为教材的教师，可登录机械工业出版社教材服务网（http：//www. cmpedu. com）下载，或发送电子邮件至cmpgaozhi@ sina. com索取。咨询电话：010-88379375。

图书在版编目（CIP）数据

数控铣床加工程序编制与应用/孙德英主编. —北京：机械工业出版社，2013. 11

全国机械行业高等职业教育“十二五”规划教材 高等职业教育教学改革精品教材

ISBN 978-7-111-42682-0

Ⅰ. ①数… Ⅱ. ①孙… Ⅲ. ①数控机床-铣床-程序设计-高等职业教育-教材 Ⅳ. ①TG547

中国版本图书馆CIP数据核字（2013）第311853号

机械工业出版社（北京市百万庄大街22号 邮政编码100037）

策划编辑：边 萌 责任编辑：边 萌 杨作良 版式设计：常天培

责任校对：潘 蕊 封面设计：路恩中 责任印制：乔 宇

北京机工印刷厂印刷（三河市南杨庄国丰装订厂装订）

2014年2月第1版第1次印刷

184mm×260mm · 10印张 · 240千字

0 001—3 000册

标准书号：ISBN 978-7-111-42682-0

定价：22.00元

凡购本书，如有缺页、倒页、脱页，由本社发行部调换

电话服务 网络服务

社服务中心：（010）88361066 教材网：http://www. cmpedu. com

销售一部：（010）68326294 机工官网：http://www. cmpbook. com

销售二部：（010）88379649 机工官博：http://weibo. com/cmp1952

读者购书热线：（010）88379203

前　言

本书以FANUC系统为例，以案例引入方式讲述数控铣削程序的编制及其应用。

目前，有关数控铣床（含加工中心）加工程序编制的教材较多，但能做到工艺、程序与图解相结合，理论与实际相结合的并不多。基于此，我们收集和整理了大量的生产实例，进行归类总结及内容整合，以方便读者学习。

本书分为两部分，第1部分是数控铣削程序编制基础，重点介绍编程指令及其应用，本部分也是本书的主体部分；第2部分是数控铣削程序编制辅助学习资料，其内容的选择在于帮助学生课前、课后温习并学习与编程相关的知识。本书以立式数控铣床加工的典型零件为载体，根据数控铣削程序在零件的平面、轮廓、孔系及曲面等要素的加工中的特点，把数控铣削程序指令划分为基本指令、坐标系指令、刀具半径补偿指令、刀具长度补偿指令、孔加工循环指令、子程序指令，还讲述了数控加工中心程序编制和宏程序编程基础，重点介绍其应用场景，加深读者对其的理解。在编写过程中注意了以下几个问题：①每个章节开头以生产案例引入问题，之后对问题进行分析、讲解，力争使教材编写方式与学生理解问题的方式吻合；②以突出编程代码现场实用性为原则，不追求程序中的代码系统性与全面性；③把单一数控编程代码教学方式，改变为生产加工工艺原则与数控编程代码结合的教学方式。书中所有案例都经过数控铣床实际加工检验。

本书由大连职业技术学院孙德英主编，编写了第1～8章；周平编写了第9～11章；张学东对第1～8章中的案例进行了实践检验并提出了修改意见；金魁、程显敏、邹竹青编写了课后练习题。全书由田鸣主审。

编　者

目　录

第1部分 数控铣削程序编制基础

第1章　数控铣削程序基本指令

1.1　本章学习重点

理解基本插补指令 G00、G01、G02、G03，并能应用其编制零件加工程序；了解坐标平面选择指令 G17、G18、G19 的使用；掌握绝对编程及相对编程指令 G90、G91 的使用；初步了解辅助功能代码 M。

1.2　案例导入

1. 加工要求

如图 1-1 所示的带槽体零件，工件毛坯尺寸为 116mm×116mm×28mm，该工件加工要素为 100mm×100mm 轮廓、100mm×100mm 平面、*R*10mm 圆弧轮廓、2×ϕ10mm 孔及长度为 50mm 的键槽。

2. 刀具中心轨迹分析

刀具在加工这些要素时，其中心的运动轨迹分为两类：一类为直线轨迹（100mm×100mm 轮廓、100mm×100mm 平面、2×ϕ10mm 孔、50mm 键槽）；另一类为圆弧轨迹（*R*10mm 圆弧轮廓）。

3. 切削加工工艺

根据图 1-1 所示的加工部位，可确定基本切削加工工艺为：用 ϕ80mm 面铣刀铣削 100mm×100mm 顶面；用 ϕ10mm 钻头钻削 2×ϕ10mm 孔；用 ϕ8mm、ϕ10mm 键槽铣刀粗、精铣削 50mm 键槽；用 ϕ20mm 立铣刀铣削 100mm×100mm 及 *R*10mm 轮廓。

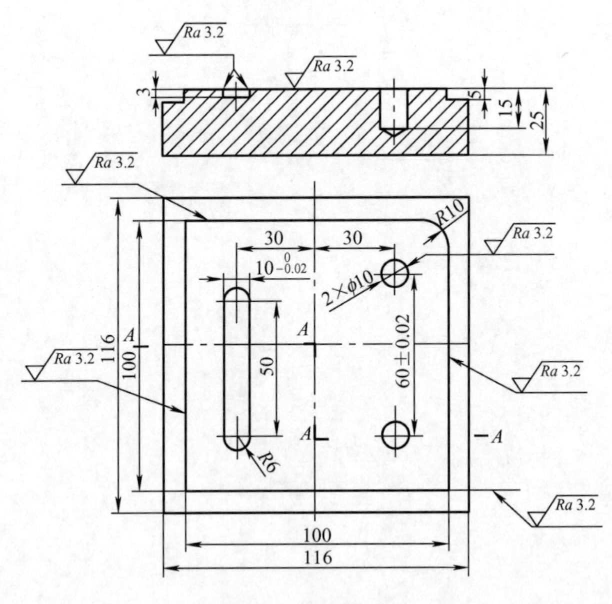

图 1-1　带槽体零件

4. 加工程序与刀具路径图

（1）顶面加工程序　顶面加工程序如 O1111 所示；工件坐标系设置如图 1-2 所示；在 *XY* 平面内的刀具路径如图 1-3 所示。

```
O1111;
G91 G28 Z0;                 （回参考点）
G54;                        （选择工件坐标系）
G90 G00 X38.0 Y-103.0;      （1点）
```

```
M03 S800;                  （主轴正转，每分钟 800 转）
G00 Z-3.0;
M08;                       （切削液开）
G01 Y103.0 F80.0;          （1-2 点）
G00 X-38.0;                （2-3 点）
G01 Y-103.0 F80.0;         （3-4 点）
M09;                       （切削液关）
G00 Z200.0;
M05;                       （主轴停转）
M30;                       （程序结束，光标回到程序首位置）
```

思考：如图 1-3 所示，加工顶面时，刀具路径上 1、2 点与 3、4 点之间距离应为多少才合适？

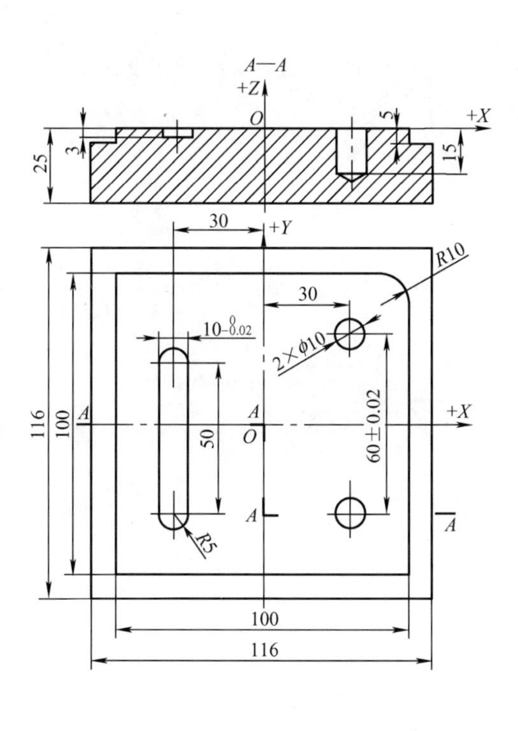

图 1-2　带槽体零件的工件坐标系

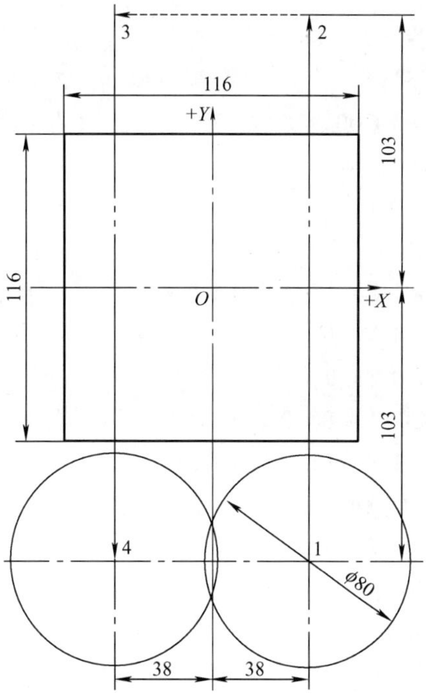

图 1-3　顶面加工时 *XY* 平面内的刀具路径

（2）轮廓加工程序　轮廓加工程序如 O1112 所示；工件坐标系设置如图 1-2 所示；在 *XY* 平面内的刀具路径如图 1-4 所示。

```
O1112;
G91 G28 Z0;
G54;
G90 G00 X60.0 Y-80.0;    （1 点）
M03 S600;
G00 Z-5.0;
```

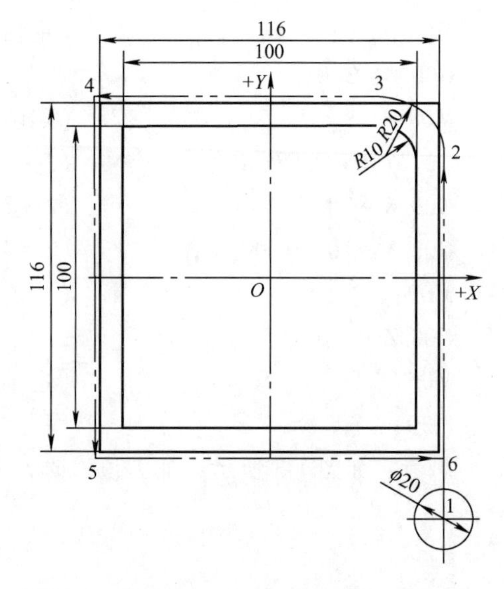

图 1-4　轮廓加工时 XY 平面内的刀具路径

```
M08;
G01 Y40.0 F150.0;         (1-2点)
G03 X40.0 Y60.0 R20.0;    (2-3点)
G01 X-60.0;               (3-4点)
    Y-60.0;               (4-5点)
    X60.0;                (5-6点)
M09;
G00 Z200.0;
M05;
M30;
```

(3) 孔加工程序　孔加工程序如 O1113 所示；工件坐标系设置如图 1-2 所示。

```
O1113;
G91 G28 Z0;
G54;
G90 G00 X30.0 Y30.0;      (右上角孔)
M03 S600;
Z3.0;
M08;
G01 Z-15.0 F50.0;         (右上角孔)
G04 X4.0;
G00 Z3.0;
X30 Y-30.0;               (右下角孔)
G01 Z-15.0 F50.0;
G04 X4.0;
G00 Z100.0;
M09;
M05;
M30;
```

思考：刀具中心的运动轨迹到工件轮廓之间的距离如何确定？

(4) 槽加工程序　槽的粗、精加工刀具路径一样，本例以粗加工为例编程。槽加工程序如 O1114 所示；工件坐标系设置如图 1-2 所示。

```
O1114;
G91 G28 Z0;
G54;
G90 G00 X-30.0 Y25.0;
M03 S500;
Z3.0;
M08;
```

```
G01 Z-3.0 F150.0;
G04 X4.0;
G01 Y-25.0;
G00 Z200.0;
M09;
M05;
M30;
```

思考：如用立铣刀（不具有钻孔功能）粗加工槽，为什么一般先用钻头钻削下刀孔或用立铣刀铣一个斜坡，再用立铣刀进行切削？

小结：由上面程序分析知，G00、G01、G02、G03 等插补指令与其他代码配合使用，可进行轮廓、孔、槽等要素的加工。

1.3 数控加工程序的结构

1. 程序结构

数控加工程序分为主程序和子程序，主程序可以调用子程序，子程序还可以调用其他子程序。就数控系统内部程序而言，主程序和子程序没有区别。程序由程序名（如本例的 O1111）开始，以程序结束指令（M02 或 M30）结束，中间是程序体部分。

2. 程序代码分类

程序代码主要分为 G、M 两大类。

（1）G 代码　G 代码的表示形式为 G+数字，不同的数字表达不同的意义，如 G00 表示快速定位，G01 表示直线插补，G02、G03 表示顺、逆时针插补圆弧等。

G 代码有模态代码与非模态代码之分。模态代码就是某一 G 代码被使用之后就一直有效，直到出现同组的另外一个代码为止。某一模态代码连续使用时，除第一个之外的其他代码可以省略。非模态代码是某一 G 代码只在它出现的程序段中有效。

（2）M 代码　M 代码的表示形式为 M+数字，如 M03 表示主轴正转，M04 表示主轴反转，M08 表示切削液打开，M09 表示切削液关闭等。

（3）其他代码　其他代码的表示形式基本同 G 代码和 M 代码，如 S+数字，表示主轴转速；F+数字，表示进给量；X、Y、Z+数字，表示加工位置坐标等。

注：除 G 代码之外，其他代码也遵循模态与非模态代码的定义。

模态代码的例子：

```
……
G00 X10.0 Y10.0 Z30.0;
Y30.0;                    (省略了 G00、X10.0、Z30.0)
X40.0 Z-1.0;              (省略了 G00、X10.0、Y30.0)
G01 X50.0 F50.0;          (省略了 Y30.0、Z-1.0)
Y50.0;                    (省略了 G01、X50.0、Z-1.0、F50.0)
……
```

1.4 基本编程指令及应用

1. 绝对编程指令 G90 和相对（或增量）编程指令 G91

（1）编程格式

G90/G91;

（2）功能　决定输入的坐标值是以工件坐标系原点为基准，还是以前一点为基准。

（3）说明

1）数控铣床程序中，绝对编程指令和相对编程指令不能在同一个程序段中混用，使用时用指令来选择。其使用方法如下：

……

G90;

……

G91;

……

2）绝对编程与相对编程的坐标字是一样的，即 X、Y、Z。

3）用 G90 时，机床移动部件（多数情况下数控铣床的移动部件为刀具）是以工件坐标系的坐标原点为基准来计算。用 G91 时，机床移动部件是以移动部件的前一点为基准来计算。系统默认 G90 方式。

（4）举例　如图 1-5、图 1-6 所示，以刀具快速移动为例，说明 G90、G91 的应用。

图 1-5 程序：

……

G90 G00 X0 Y80;　(A)

X20.0;　(B)

X50.0 Y50.0;　(C)

X115.0;　(D)

X80.0 Y20.0;　(E)

X115.0;　(F)

……

图 1-6 程序：

……

G91 G00 X0 Y80.0;　(A)

G91 X20.0 Y0;　(B)

X30.0 Y-30.0;　(C)

X65.0 Y0;　(D)

X-35.0 Y-30.0;　(E)

X35.0;　(F)

……

通过图 1-5 和图 1-6 例子可以看出，选择绝对或相对编程方式是与图样的尺寸标注方式有关的，何时用绝对坐标、何时用相对坐标，除了要考虑编程方便之外，还要考虑工艺特点，以避免有尺寸积累误差。

2. 快速点定位指令 G00

（1）编程格式

G00 X ____ Y ____ Z ____;

（2）功能　刀具以快速移动速度移动到指定的位置。

（3）说明

1）用 G90 时，X、Y、Z 是目标点的绝对坐标值；用 G91 时，X、Y、Z 是目标点相对于刀具前一点的增量值。

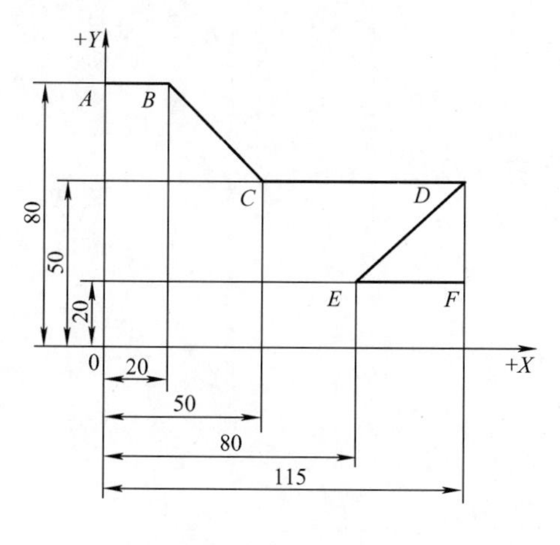

图 1-5　G90 方式示意图

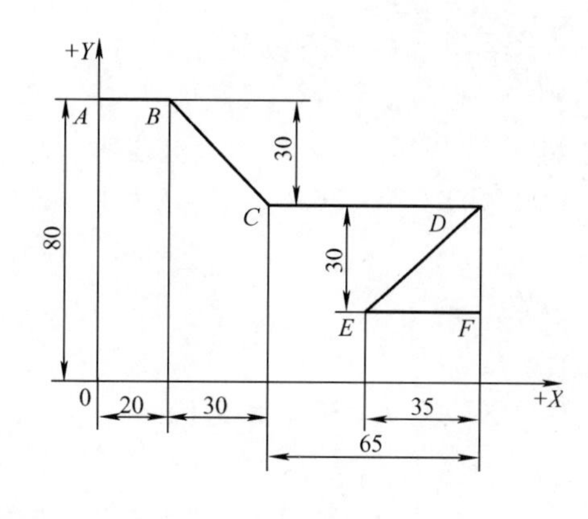

图 1-6　G91 方式示意图

2）各轴的快速移动速度由机床厂家设定，不能用 F 代码设定，但可以用数控铣床操作面板上的进给速率修调旋钮来控制。

3）刀具路径可合成，可分解，视情况而定。一般情况下，为了确保设备及设备上的夹具安全，先 *Z* 向定位，再 *X*、*Y* 向定位。

（4）举例　图 1-7 所示为钻孔之前的快速定位。

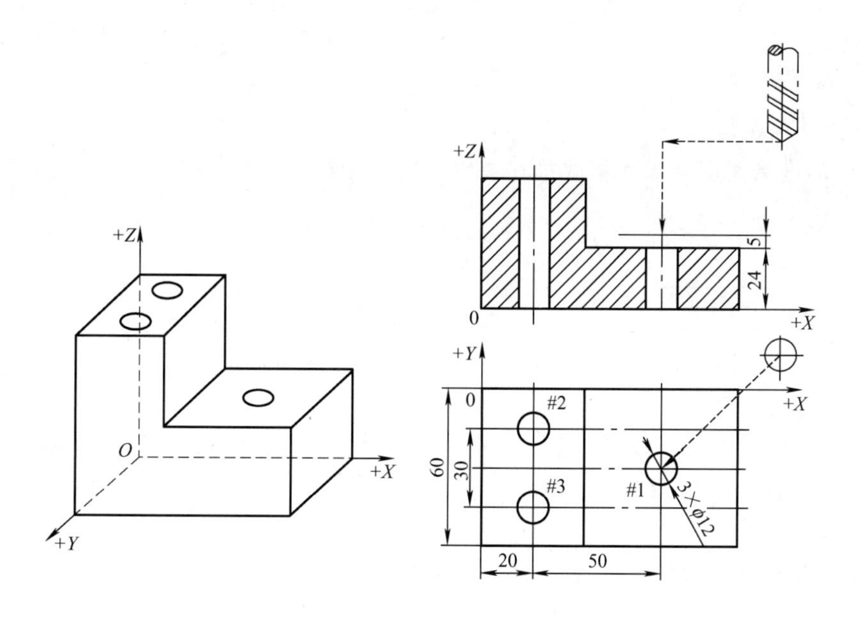

图 1-7　L 体 G00 轨迹示意图

定位到#1 孔的快速移动路径有三个方案：

方案一：

……

G00 X70.0 Y-30.0;　　　　（思考：Z 值是多少?）

Z29.0;　　　　　　　　　　（思考：X、Y 值是多少?）

……

方案二：

……

G00 Z200.0；　　　　　（思考：X、Y 值是多少？）

G00 X70.0 Y－30.0；　　（思考：Z 值是多少？）

……

方案三：

……

G00 X70.0 Y－30.0 Z29.0；

……

思考：从安全方面考虑，上述三个方案各有何特点？

注意：快速移动机床移动部件时，建议先移动 *Z* 坐标到安全位置，再移动 *X*、*Y* 坐标，避免刀具与机床碰撞。*Z* 向值不但要考虑工件高度，而且要考虑装夹工件所用的工装高度。

3. 直线插补指令 G01

（1）编程格式

G01 X ____ Y ____ Z ____ F ____；

（2）功能　刀具以 F 指定的进给速度直线插补到指定位置。

（3）说明

1）用 G90 时，X、Y、Z 是目标点的绝对坐标值；用 G91 时，X、Y、Z 是目标点相对于刀具前一点的增量值。

2）各轴的进给速度（编程格式描述：G01 X $\underline{\alpha}$Y $\underline{\beta}$Z $\underline{\gamma}$F $\underline{f}$）如下：

X 轴方向的进给速度：$f_\alpha = \frac{\alpha}{L}f$；*Y* 轴方向的进给速度：$f_\beta = \frac{\beta}{L}f$，*Z* 轴方向的进给速度：$f_\gamma = \frac{\gamma}{L}f$；$L = \sqrt{\alpha^2 + \beta^2 + \gamma^2}$。

3）影响 F 值大小的因素有刀具、被加工工件材料及加工精度等，其值一般通过查表、计算或经验等方法得到。

（4）应用　G01 指令一般用在孔、轮廓、面、槽加工和短距离的切入与切出。

4. 圆弧插补指令 G02/G03

（1）编程格式

G17/G18/G19 G02/G03 X __ Y __ Z __ I __ J __ K __/R ____ F ____；

（2）功能　顺、逆时针圆弧插补。

（3）说明

1）坐标平面选择指令 G17、G18、G19 的编程格式为：G17 或 G18 或 G19 之一，功能为选择刀具插补的平面。G17 为选择 *XY* 平面；G18 为选择 *XZ* 平面；G19 为选择 *YZ* 平面。数控铣床默认 G17 平面。

2）G02 为顺时针圆弧插补；G03 为逆时针圆弧插补。判断方法如下：以 *XY* 平面为例，如图 1-8a 所示，在直角坐标系中，当从 *Z* 轴的正向到负方向看 *XY* 平面时，*XY* 平面的顺时针和逆时针方向演变为图 1-8b 形式，便可知是顺时针，还是逆时针；同理 XZ、YZ 平面的 G02、G03 如图 1-8c、d 所示。

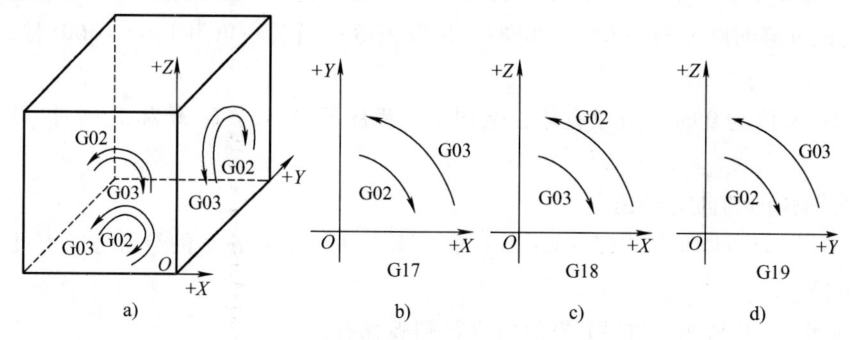

图 1-8　不同平面的 G02/G03 方向示意图

3）用 G90 时，X、Y、Z 是目标点的绝对坐标值；用 G91 时，X、Y、Z 是目标点相对于刀具前一点的增量值。

4）I、J、K 为被加工圆弧圆心相对于被加工圆弧起始点在 X、Y、Z 方向的坐标增量，且不受 G90、G91 影响。I、J、K 值通常有两种计算方法，即投影法和计算法。

①　投影法如下：

值大小的判定：从被加工圆弧起始点向此圆弧圆心方向连线，I、J、K 值大小等于此连线在 X、Y、Z 轴上的投影。

方向的判定：通过被加工圆弧起点指向圆心的方向与坐标轴正方向是否一致来判断。如果指向方向与坐标轴正方向相同，则为正；反之为负。以 XY 平面上的圆弧为例，图 1-9a 所示为被加工 AB 弧的原始信息，没有标注弧的半径，而是把该弧的起始点 A、终点 B 及圆心 C 的坐标位置表达清楚了；图 1-9b 所示为投影转化图，把 AC 连线，再将连线向 X、Y 轴投射，分别得到 a（就是 I 的值）、b（就是 J 的值）。根据方向判定方法，C 点相对 A 点在 X、Y 方向的投影向坐标减小的方向进行，所以得到 $-a$、$-b$。最终加工此弧的编程语句为：

G03 X x_2 Y y_2 I $-a$ J $-b$ F＊＊＊；

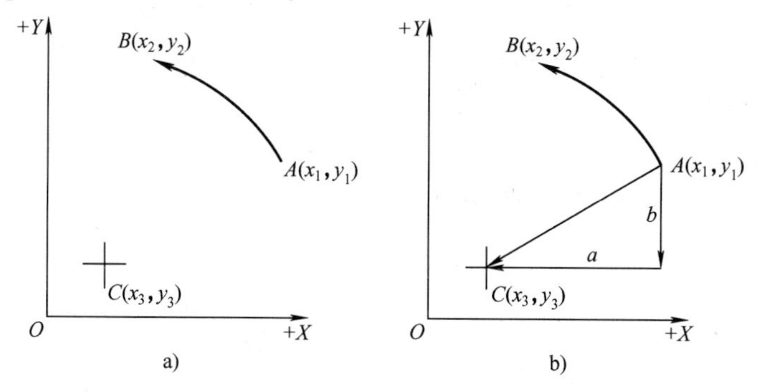

图 1-9　投影示意图

②　计算法如下：

I 值 = 被加工圆弧的圆心 X 坐标 - 被加工圆弧的起始点 X 坐标。

J 值 = 被加工圆弧的圆心 Y 坐标 - 被加工圆弧的起始点 Y 坐标。

K 值 = 被加工圆弧的圆心 Z 坐标 - 被加工圆弧的起始点 Z 坐标。

如图 1-9 所示，I 值 = $x_3 - x_1$，J 值 = $y_3 - y_1$。

5）R 为圆弧半径。整圆加工时不能用 R，其他情况，I、J、K 和 R 可任意选择使用。当被加工圆弧对应的圆心角为 0° ~ 180°时，R 取正值；当圆心角为 180° ~ 360°时，R 取负值（如 R-19）。

6）I、J、K 值为 0 时，可以省略；在同一个程序段中，I、J、K 和 R 同时出现时，以 R 为准。

7）F 为圆弧的切向进给速度。

思考：G17/G18/G19 与 G02/G03 X __ Y __ Z __ I __ J __ K __的组合方式有几种？

（4）举例

例 1：如图 1-10 所示，在 *XY* 平面内进行圆弧插补。

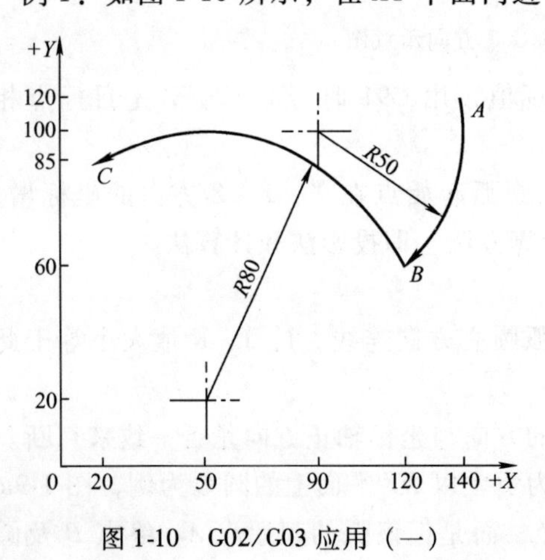

图 1-10　G02/G03 应用（一）

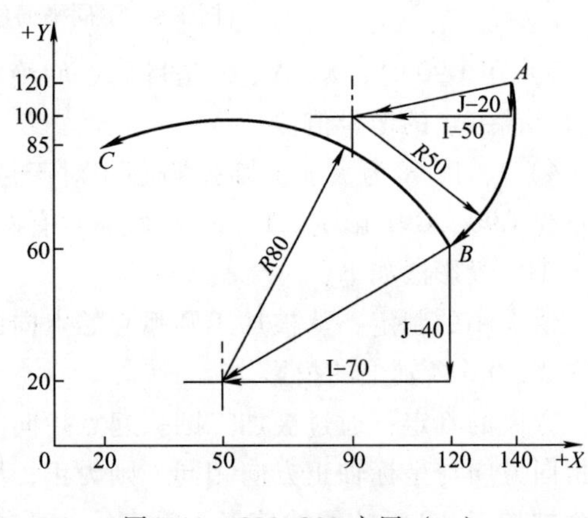

图 1-11　G02/G03 应用（二）

绝对编程 G90 方式且用 R 时的程序如下：

……

G90；

G00 X140. 0 Y120. 0；　　　　　　　　　（定位 *A* 点）

G02 X120. 0 Y60. 0 R50. 0 F100. 0；　　　（*A* – *B*）

G03 X20. 0 Y85. 0 R80. 0；　　　　　　　（*B* – *C*）

……

相对编程 G91 方式且用 R 时的程序如下：

……

G90；

G00 X140. 0 Y120. 0；　　　　　　　　　（定位 *A* 点）

G91；

G02 X – 20. 0 Y – 60. 0 R50. 0 F100. 0；　（*A* – *B*）

G03 X – 100. 0 Y25. 0 R80. 0；　　　　　（*B* – *C*）

……

例 2：图 1-11 所示为在 *XY* 平面内进行圆弧插补。

绝对编程 G90 方式且用 I、J 时（计算法）的程序如下：

……

G90;

G00 X140.0 Y100.0;　　　　　　　　　　　(定位 A 点)

G02 X120.0 Y60.0 I-50.0 J-20.0 F100.0;　　($A-B$)

G03 X20.0 Y85.0 I-70.0 J-40.0;　　　　　($B-C$)

……

相对编程 G91 方式且用 I、J 时（计算法）的程序如下：

……

G90;

G00 X140.0 Y100.0;　　　　　　　　　　　(定位 A 点)

G91;

G02 X-20.0 Y-60.0 I-50.0 J-20.0 F100.0;　($A-B$)

G03 X-100.0 Y25.0 I-70.0 J-40.0;　　　　($B-C$)

……

5. 进给暂停指令 G04

（1）编程格式

G04 X __/P __;

（2）功能　刀具暂停进给或退出，直到经过指定时间，再执行下一程序段。

（3）说明

1）X 后数字的单位为 s，可带小数；P 后数字的单位为 ms，只能为整数。

2）应用于钻不通孔、切槽加工等。

6. 部分 M 代码

部分 M 代码的含义如表 1-1 所示。

表 1-1　部分 M 代码的含义

M 代码	GB/T	日本 Fanuc-0iT 系统	德国 Siemens-810 系统
M00	程序停止	程序停止	程序停止
M01	计划停止	计划停止	计划停止
M02	程序结束	程序结束	程序结束
M03	主轴顺时针方向转	主轴顺时针方向转	主轴顺时针方向转
M04	主轴逆时针方向转	主轴逆时针方向转	主轴逆时针方向转
M05	主轴停止	主轴停止	主轴停止
M06	换刀	换刀	换刀
M07	2 号切削液开	不指定	不指定
M08	1 号切削液开	切削液开	切削液开
M09	切削液停	切削液停	切削液停
M30	程序停止，光标返回到程序开始处	程序停止，光标返回到程序开始处	程序停止，光标返回到程序开始处

第2章　数控铣床坐标系指令

2.1　本章学习重点

理解与应用工件坐标系指令 G54、G55、……、G59；正确换算对刀之后的坐标值；了解机床坐标系与工件坐标系的关系。

2.2　案例导入

图 2-1 所示为工件图样及编程坐标系。在编程前要设置工件或编程坐标系（主视图的 XZ、俯视图的 XY），以方便编程。

图 2-2 所示为工件放置到机床工作台上，通过找正、对刀等操作，确定编程坐标系在机床坐标系上的位置。此时对应着两个坐标系，一个是机床坐标系，一个是加工坐标系。加工坐标系是由编程坐标系转化过来的，主要是通过找正、对刀等操作把编程坐标变换为加工坐标。机床刀具的运动轨迹是以加工坐标系为准执行插补功能。

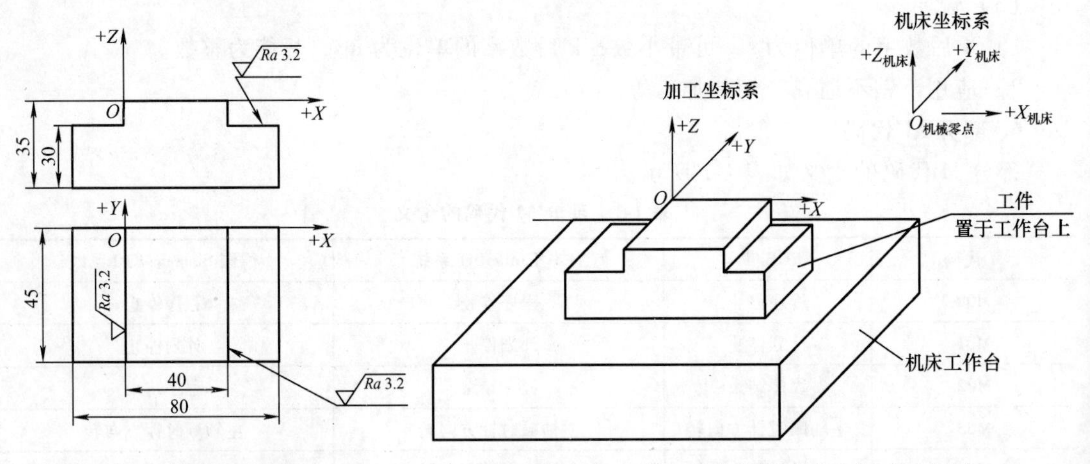

图 2-1　工件图样及编程坐标系　　图 2-2　工件、工作台及机床坐标系示意图

由图 2-1 和图 2-2 分析知，坐标系分可为机床坐标系、编程（或工件）坐标系、加工坐标系。根据坐标系的分类又产生了坐标系平移、旋转等指令。

在编制程序及操作机床加工工件的过程中，工件坐标系如何设置、机床坐标系如何体现，下面做一一分析。

2.3　机床坐标系

机床上的一个作为加工基准的特定点称为机床零点。用机床零点作为原点设置的坐标系称为机床机械坐标系（简称机床坐标系）。在机床通电后，一般执行手动返回参考点操作以设置机床坐标系。机床坐标系一旦设定，就保持不变，直到电源关掉为止，图 2-2 右上角所示为机床坐标系示意图。

2.4 工件（或编程）坐标系

编程人员根据零件图样设置的便于编程的坐标系称为工件（或编程）坐标系。工件坐标系设置的原则：与设计基准重合；便于对刀找正。编程人员根据工件图样把工件坐标系确定好了之后，需要在程序中用 G54、G55 等坐标系指令设定。

1. 工件坐标系指令 G54 ~ G59

（1）编程格式

G54/G55/G56/G57/G58/G59；

（2）功能　在同一个零件上选择一个或多个工件坐标系。

（3）原理　对完刀之后，把作为工件坐标系原点的机床机械坐标值记录下来并适当处理，通过 CRT/MDI 面板输入到 G54 ~ G59 等代码中。编程时，选择了相应的工件坐标系指令，数控系统就把此坐标系中的机械坐标值作为工件坐标系原点，程序运行时，以此点为基准。

（4）应用　工件坐标系指令用于工件坐标系的设定以及在工件上设置多个坐标系。

2. 坐标系指令的应用

（1）案例一　把已知点的机械坐标值设置到 G54、G55、G56 中，并利用其编写程序。

如图 2-3 所示，对完刀且把刀具半径加入计算后，O_1、O_2、O_3 处的机床机械坐标值分别为（-100，-55，-100）、（-180，-130，-100）、（-80，-150，-100）。此时，分别把 O_1、O_2、O_3 处的机械坐标值通过数控铣床操作面板输入到 G54、G55、G56 中。在程序 O2221 中，利用工件坐标系指令选择不同的工件坐标系（就是刚才设定的 G54、G55、G56），数控系统就把其作为工件加工的坐标原点，刀具相对于此点移动。

```
O2221;
……
G54;      (G54 到 G55 之间的程序段，运行在 O1 为原点的直角坐标系中)
G00 X55.0 Y20.0;
G03 X20.0 Y55.0 R80.0 F30.0;
……
G55;      (G55 到 G56 之间的程序段，运行在 O2 为原点的直角坐标系中)
G00 X30.0 Y20.0;
G01 X40.0 Y40.0 F120.0;
……
G56;      (G56 以后的程序段，运行在 O3 为原点的直角坐标系中)
G00 X55.0 Y40.0;
G01 X40.0 Y20.0 F20.0;
X20.0;
G02 X0 Y40.0 R20.0;
```

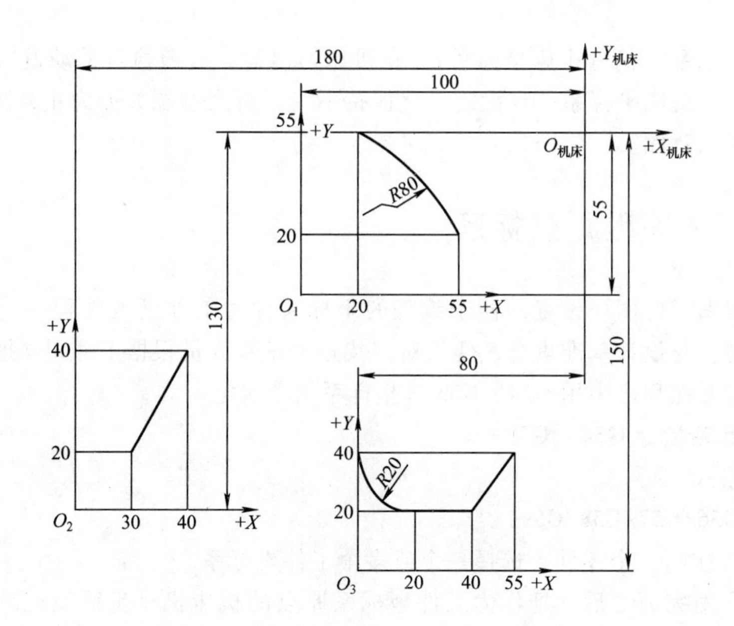

图 2-3　G54、G55、G56 应用

……

（2）案例二　把刀具或量具半径列入计算过程，进行工件坐标系的设定。

如图 2-4 所示，分别在 O、O'处设置工件坐标系。步骤如下：

1）对刀操作，如图 2-5 所示：

①　Z 向对刀，把刀具移至工件顶面，直至刀具微量切削工件或刀具与工件微量接触为止，记录屏幕上此时的机械坐标值 Z 为 −418.0。

②　X 向对刀，把刀具移至工件左侧面，直至刀具微量切削工件或刀具与工件微量接触为止，记录此时的机械坐标值 X 为 −312.5。

③　Y 向对刀，把刀具移至工件前侧面，直至刀具微量切削工件或刀具与工件微量接触为止，记录此时的机械坐标值 Y 为 −209.5。

2）把对完刀之后的数据进行处理。O 点的机械坐标：

O 点的机械坐标 $Z = -418.0$ 不变；

O 点的机械坐标 $X = -(312.5 - 10/2 - 68.0) = -239.5$；

O 点的机械坐标 $Y = -(209.5 - 10/2 - 50.0) = -154.5$。

O'点的机械坐标：

因为 O 与 O'点的位置有明确关系，O 机械坐标位置已知，O'点的机械坐标位置可以计算出来。

O'的机械坐标 $X = -(239.5 + 27.5) = -267.0$；

O'的机械坐标 $Y = -(154.5 - 27.0) = -127.5$；

O'点的机械坐标 $Z = -418.0$。

3）把处理之后的数据通过面板输入到 G54 等代码中。如，把 O（X −239.5，Y −154.5，Z −418.0）、O'（X −267.0，Y −127.5，Z −418.0）分别置入到 G54、G55 代码中。

注意：

对刀时可能用到纸、塞尺等，此时要把其厚度尺寸考虑到机械坐标值之中。

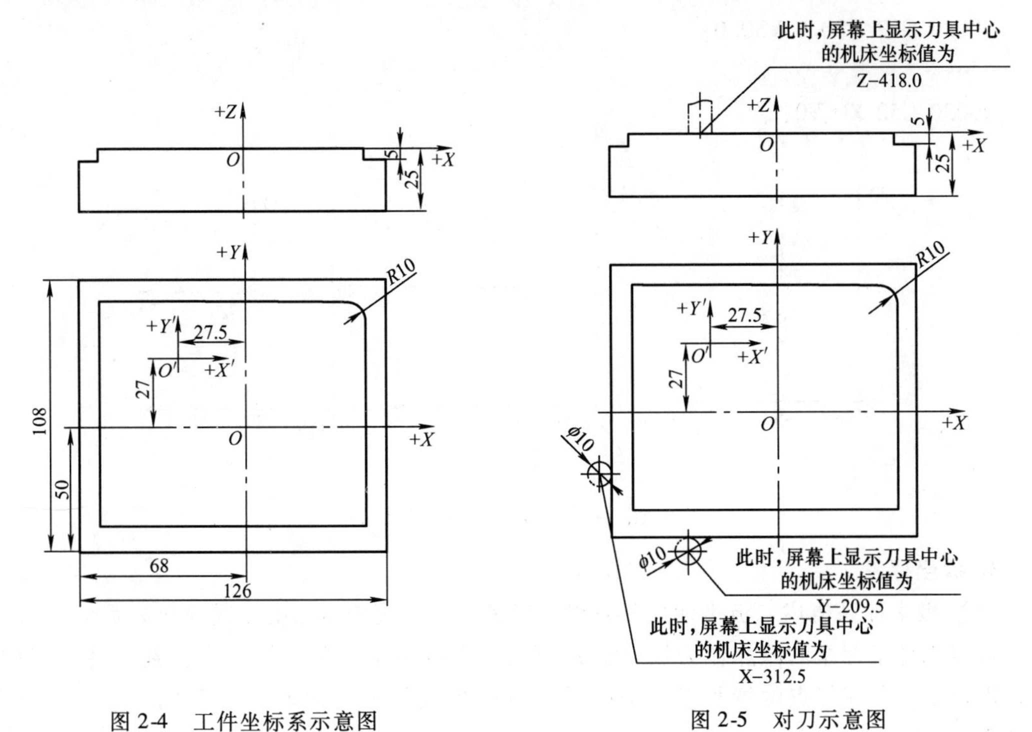

图 2-4　工件坐标系示意图　　　　图 2-5　对刀示意图

思考：在图 2-5 中，如在工件后侧、右侧对刀，数据如何处理?

2.5　与坐标系相关的其他指令

1. 局部坐标系

在程序编制过程中，可以利用局部坐标系平移指令，把某一存在的工件坐标系平移。

（1）编程格式

G52 X __ Y __ Z __;

……

G52 X0 Y0 Z0;

（2）说明　该指令的参考基准是当前设定的工件坐标系，即 G54、G55 ~ G59 代码设定的工件坐标系。X、Y、Z 是指局部坐标系的原点在原工件坐标系中的位置，以绝对坐标值表示。

X0 Y0 Z0 表示取消局部坐标系，其实质是将局部坐标系仍设定在原工件坐标系原点处。

如图 2-6a 所示，在没有进行局部坐标系平移之前，当前工件坐标系处于 O 处。欲把当前 G54 坐标系平移到 O_1 处，则用 G52 X20 Y30 指令，执行完标号为 N0020 的程序段之后，当前工件坐标系处于 O_1 处，如图 2-6b 所示；此时 N0020 到 N0030 之间程序的刀具路径以 O_1 坐标系为基准；执行完 N0030 G52 X0 Y0 程序段后，工件坐标系又回复到 O 处，如图 2-6c 所示，程序如下：

……

G54；

N0020 G52 X20.0 Y30.0；

……

N0030 G52 X0 Y0；

……

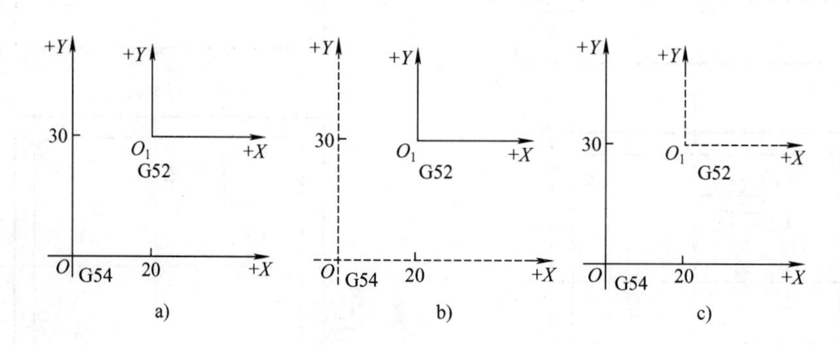

图 2-6　坐标系平移示意图

2. 极坐标系

（1）极坐标系概述　极坐标系就是以半径和角度方式表达加工位置的坐标系统。

若以工件坐标系的原点作为极坐标系原点，则极径是指程序终点位置到工件原点的距离，极角是指程序终点位置与工件坐标系原点的连线与某坐标轴（如 *X* 轴）正向的夹角，如图 2-7 所示。

若以刀具当前的位置作为极坐标系原点，当用增量编程方式进行编程时，则极径是指程序段终点坐标到刀具当前位置的距离，极角是指前一极坐标系原点与当前极坐标系原点的连线与当前轨迹的夹角。如图 2-8 所示，刀具运行从起始位置 *A* 运动到 *B*，用增量方式编程时，极径为极径$_1$、极角为极角$_1$。

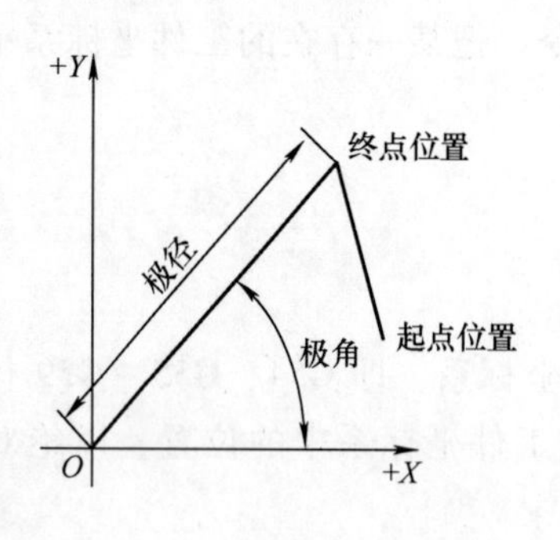

图 2-7　极坐标系示意图

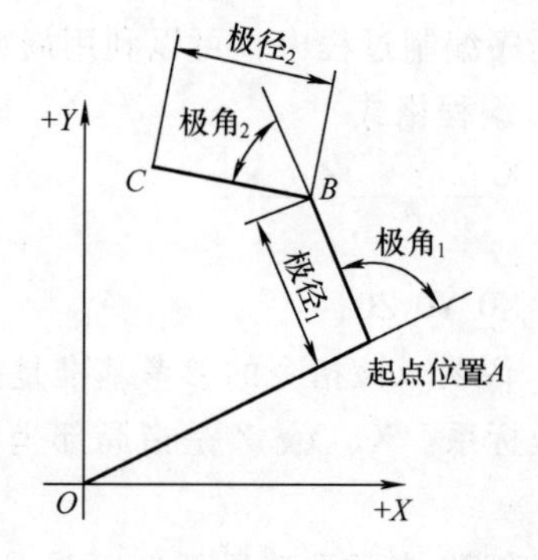

图 2-8　增量编程时极坐标系示意图

（2）极坐标系应用　通常情况下，图样尺寸以半径与角度形式表示的零件及圆周分布的孔类零件，采用极坐标方式确认加工位置，可减少编程时的计算工作量，较为方便。

（3）极坐标系指令

1）编程格式

G17/G18/G19 G16；

……

G15；

2）功能　终点的坐标值用极坐标（极径和极角）方式定位。

3）说明　G16 为极坐标系建立；G15 为极坐标系取消。当用 G17 时，G16 与 G15 之间的 *X*、*Y* 分别为极径和极角，对 *Z* 值不起作用。角度的正向是所选平面的第 1 轴正向的沿逆时针转动的转角。无论是用 G90 还是用 G91，只对极角 *Y* 坐标起作用，对极径 *X* 坐标没有作用。

（4）举例　如图 2-9 所示的孔加工，其程序为 O2229。

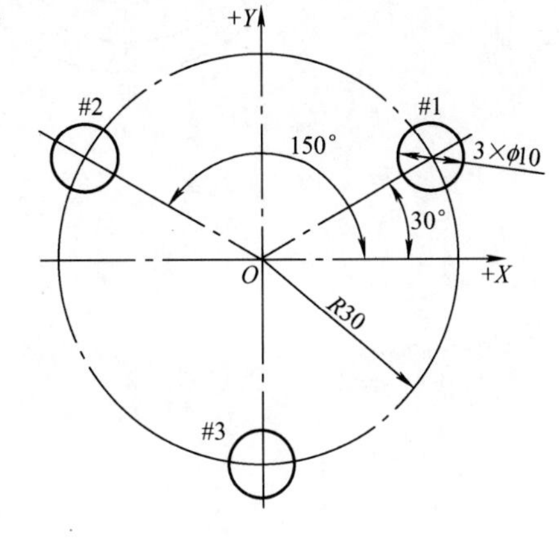

图 2-9　极坐标系下孔的位置

O2229；

…

G17 G90 G16；

G00 X30. 0 Y30. 0　　　（定位孔 1）

……（加工孔 1）

G00 X30. 0 Y150. 0；　　（定位孔 2）

……（加工孔 2）

G00 X30. 0 Y270. 0；　　（定位孔 3）

……（加工孔 3）

G15；

……

3. 坐标系旋转指令

当编程坐标系围绕工件某中心点旋转之后，使工件轮廓处于容易编程的位置，则可应用坐标系旋转指令，以简化计算的工作量。

（1）指令格式

G17 G68 X __ Y __ R __；

……

G69；

（2）功能　坐标系绕指定旋转中心旋转指定角度。

（3）说明　X、Y 为坐标系旋转中心；R 为旋转角度，其零度方向为第一坐标轴的正方向，逆时针方向为正；取消旋转指令 G69，之后旋转的坐标系复位。

（4）举例　如图 2-10a 所示，如果按此坐标系编制 4 个槽的程序，计算工作量较大；如果把坐标系旋转 45°，被加工的槽全处于水平或垂直状态，则计算工作量较小。旋转 45°后如图 2-10b 所示。

程序如下：

……

G68 X0 Y0 R45. 0；

（槽体的程序）

G69；

……

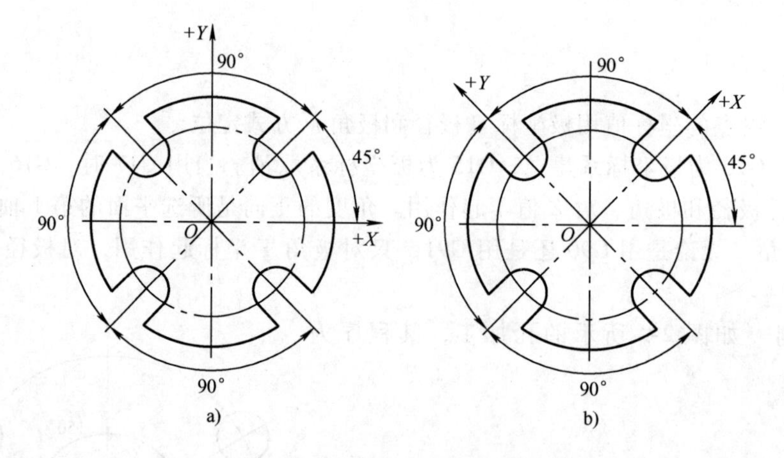

图 2-10　坐标系旋转示意图

第3章　刀具半径补偿指令

3.1　本章学习重点

应用刀具半径补偿指令G41、G42、G40编制数控铣削加工程序；理解刀具名义半径的含义，能利用D代码中的刀具半径值进行工件轮廓尺寸控制。

3.2　案例导入

如图3-1所示，采用ϕ20mm立铣刀铣削100mm×100mm轮廓，为了保证轮廓尺寸100mm×100mm，刀具中心必须在平行于工件轮廓且距离轮廓为刀具半径值的轨迹上运动（第1章的O1112就是按刀具中心运动轨迹编制的程序），这时要人工计算出刀具中心的运动轨迹（图中用双点画线表示）的坐标。问题是：当刀具半径变化（如粗、半精、精加工时刀具的半径可能不一样）时，刀具中心的运动轨迹也发生变化，即程序中的数值也要发生变化，这给编程者带来极大的不便。为此，需要用刀具半径补偿指令来自动实现补偿，而不需要计算刀具中心运动轨迹。

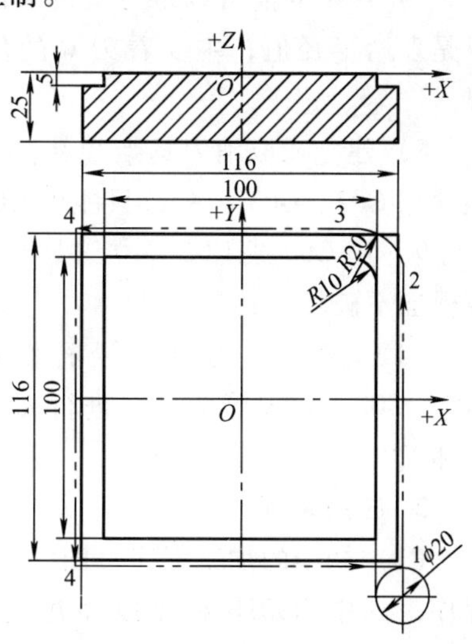

图3-1　刀具中心运动轨迹示意图

3.3　刀具半径补偿指令及应用

1. 编程指令格式

（1）编程格式

G17/G18/G19 G41/G42 G00/G01 X_Y_Z_F_ D_；（建立刀具半径补偿）

……　　（执行刀具半径补偿）

……

……　　（执行刀具半径补偿）

G40 G00/G01 X_Y_Z_F_；　　（取消刀具半径补偿）

（2）功能　编程者按工件的实际轮廓尺寸编程，同时给出刀具半径补偿指令及刀具半径值，数控系统自动计算刀具刀位点的运动轨迹坐标，以实现轮廓插补功能。

（3）说明

1）刀位点如图3-2所示。

2）编程格式包括建立、执行和取消刀具补偿三个过程。

3）G41为左刀补，其定义为：顺着刀具的加工（或运动）方向看，如果刀具在被加工工件加工部位的左侧，则为左刀补；反之则应使用右刀补指令G42。

4）加工一个工件，用G41还是用G42与顺、逆铣有关。

5）X、Y、Z为加工每段的终点坐标，与G90、G91配合使用，分为绝对和相对两种情况。

6）D为刀具半径补偿寄存器地址字，其表示形式为D+两位数字，其范围为00~99。D地址中的刀具半径值由操作者通过操作面板输入。

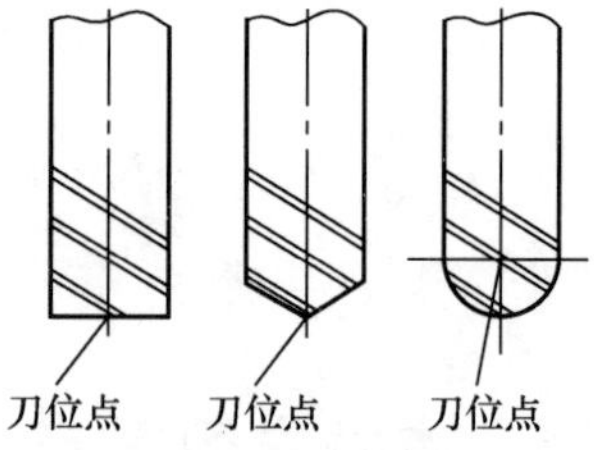

图3-2 刀位点

7）D中的值可以是刀具的实际半径值，也可以是理论半径值，主要看刀具的位置及磨损等情况。

8）建立或取消刀具半径补偿编程格式中，不能含有G02、G03指令，只能用G00、G01指令。

9）用G00或G01建立刀具半径补偿的起始点要保证不破坏刀具和工件。

（4）应用　刀具半径补偿指令配合G00、G01、G02、G03等指令，进行面、槽、轮廓及孔的加工。

2. 应用举例

（1）初步的加工程序　图3-3所对应的O2233程序，其中N0010程序段为建立刀具半径补偿，N0050程序段为取消刀具半径补偿，N0010~N0050程序段为执行刀具半径补偿过程。D01中存放刀具半径值。刀具中心的运动轨迹为7-1-2-3-4-5-6-7，轨迹距离编程轮廓的距离为刀具半径值大小。

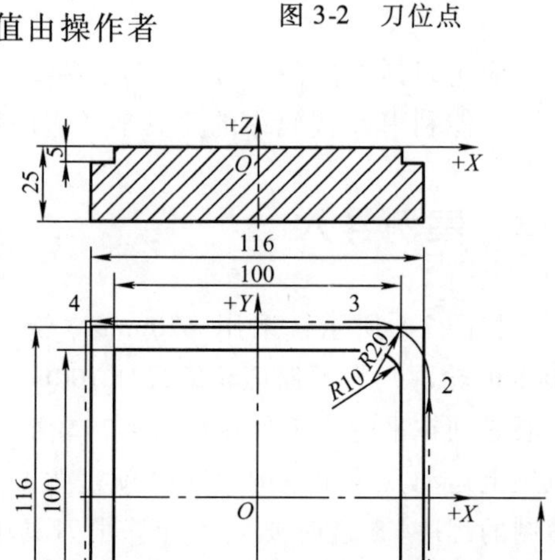

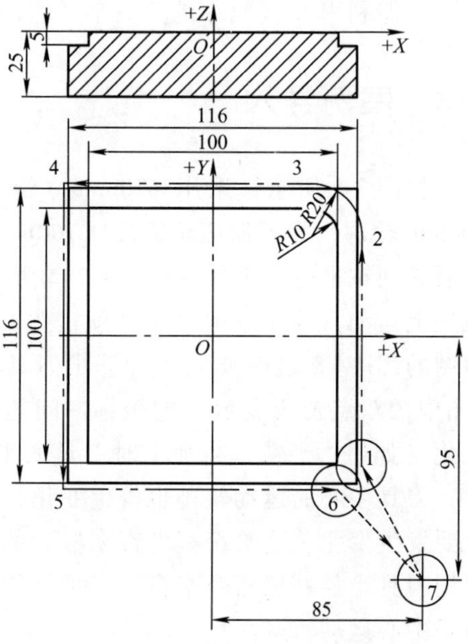

图3-3 刀具半径补偿的应用

```
    O2233;
    G91 G28 Z0;
    G54;
    G90 G00 X85.0 Y-95.0;                    (7)
    M03 S600;
    G00 Z-5.0;
    M08;
N0010 G42 G01 X50.0 Y-50.0 D01 F80.0;        (7-1)
    Y40;                                     (1-2)
    G03 X40.0 Y50.0 R10.0;                   (2-3)
    G01 X-50.0;                              (3-4)
    Y-50.0;                                  (4-5)
    X50.0;                                   (5-6)
N0050 G40 G00 X85.0 Y-95.0 M09;              (6-7)
```

Z200.0;

M05;

M30;

（2）程序存在的问题　图 3-3 对应的 O2233 程序存在如下问题：一是刀具中心移到 1 点时，如用 G00，则刀具和工件在拐角发生碰撞，如图 3-4a 所示的拐角 *A* 点，容易引起工件尖角处损伤；二是从 6 点处开始取消刀具半径补偿，工件在拐角处切削不充分，图 3-4b 的 *B* 点处，因工件弹性变形引起拐角处不是呈尖角状态。

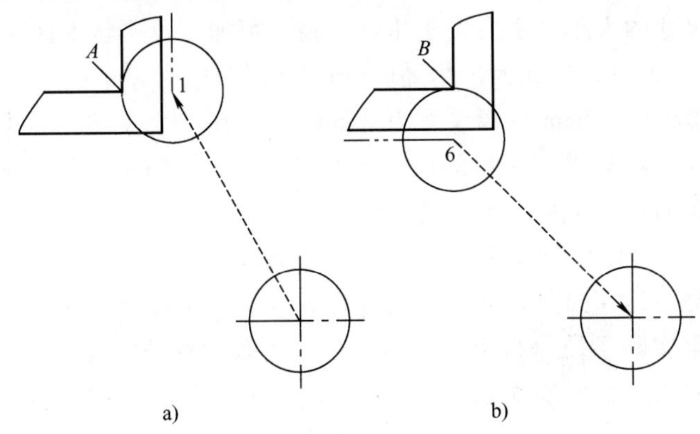

图 3-4　O2233 程序存在问题图解

（3）解决方案　在拐角处引入 G01 或建立切入/切出段，让刀具在距离工件一定距离的两处切入与切出工件，如图 3-5 所示，对应的程序为 O2244。

```
O2244;
G91 G28 Z0;
G54;
G90 G00 X85.0 Y-95.0;              (7)
M03 S600;
G00 Z-5.0;
M08;
N0010 G42 G00 X50.0 Y-52.0 D01;    (7-6)
G01 Y40 F80.0;                     (6-2)
G03 X40.0 Y50.0 R10.0;             (2-3)
G01 X-50.0;                        (3-4)
Y-50.0;                            (4-5)
X52.0;                             (5-1)
N0050 G40 G00 X85.0 Y-95.0 M09;    (1-7)
Z200;
M05;
M30;
```

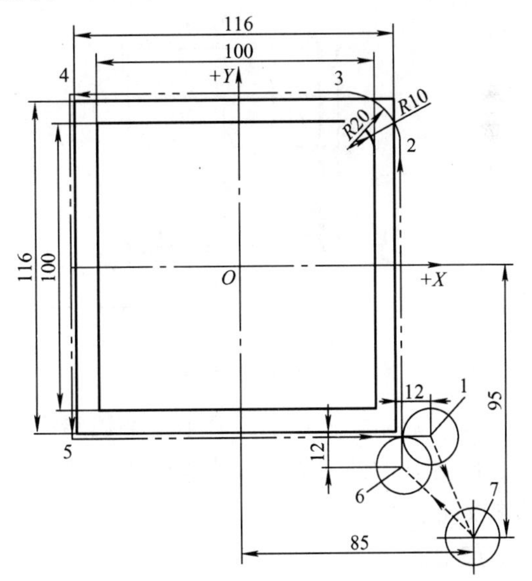

图 3-5　刀具半径补偿切入/切出段

3.4 刀具名义半径的含义

D 地址中存放的刀具半径值有可能是刀具的真实半径，有可能不是刀具的真实半径，统称为刀具名义半径。实际应用中，刀具的名义半径应用较多，下面以两个例子来说明。

1. 改变刀具名义半径控制轮廓尺寸

改变 D 中的刀具名义半径值，即以小于或大于实际刀具半径值作为 D 中的值，可以控制被加工工件轮廓尺寸的大小，主要用于粗、半精、精加工及调整工件轮廓尺寸等情况。

（1）案例分析　如图 3-6 所示，用 ϕ12mm 立铣刀加工 50mm × 50mm 外轮廓，以 50mm × 50mm 轮廓尺寸为基准编程，在 D01 中输入刀具半径值 6mm，加工结束检测之后的尺寸为 50.2mm × 50.2mm，比要求尺寸单边大了 0.1mm，如图 3-7 所示。

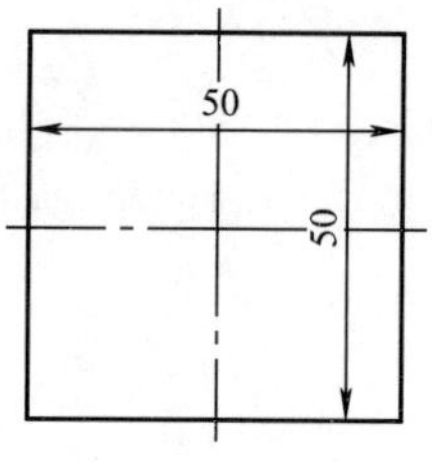

图 3-6　理论轮廓

根据图 3-7 分析，刀具在距轮廓 6mm 的轨迹上运动，工件单边尺寸大了 0.1mm，可理解为：刀具实际半径可能比刀具名义半径值 6mm 小了 0.1mm，即刀具实际半径为 5.9mm。因此，在不改变程序的情况下，把 D01 中的刀具半径值变为 5.9mm 即可。如图 3-8 所示，把 D01 中的刀具半径补偿值改为 5.9mm，让刀具在距轮廓 5.9mm 的轨迹上运动，则可加工出 50mm × 50mm 的轮廓。

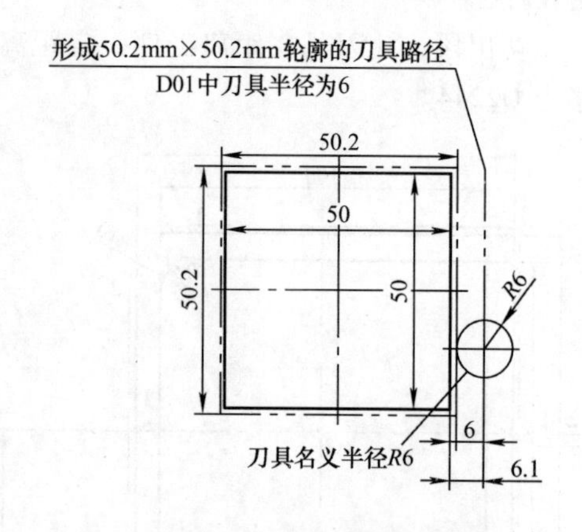

图 3-7　实际轮廓

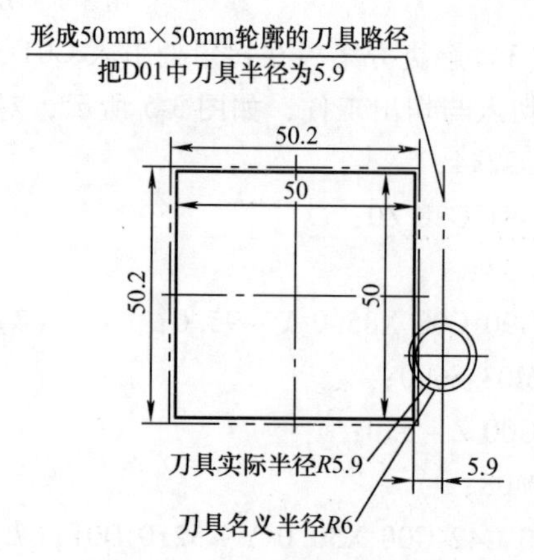

图 3-8　改进后的轮廓

（2）启示　使用了刀具半径补偿指令之后，在不改变刀具的情况下，工件轮廓尺寸可通过控制 D 中的刀具半径值来改变，此时 D 中的刀具半径不一定是真实的刀具半径（刀具的名义半径）。

（3）思考

1）内轮廓尺寸实际检测的尺寸比理论尺寸小，D 中的刀具半径值变化趋势如何？

2）使用 ϕ12mm 立铣刀，用 50mm × 50mm 轮廓编程，如要把轮廓实际加工结束的尺寸变更的 49mm × 49mm，D 中的值为多少？

2. 改变刀具名义半径加工另一轮廓要素

改变 D 中的刀具名义半径值，以当前已知轮廓（节点坐标已知）为基准，加工此已知轮廓的另一平行轮廓。

（1）要求　如图 3-9 所示，根据图示要求，加工端盖的内轮廓及顶面的 10mm×6mm 的油槽。内轮廓加工使用 ϕ20mm 立铣刀，油槽加工使用 ϕ10mm 键槽铣刀。

（2）坐标计算　经过计算，内轮廓各点的坐标分别为#1（X102. 702，Y14. 096），#2（X66，Y70），#3（X－66，Y70），#4（X－102. 702，Y14. 096），#5（X－76. 702，Y－45. 904），#6（X－40，Y－70），#7（X40，Y－70），#8（X76. 702，Y－45. 904）。

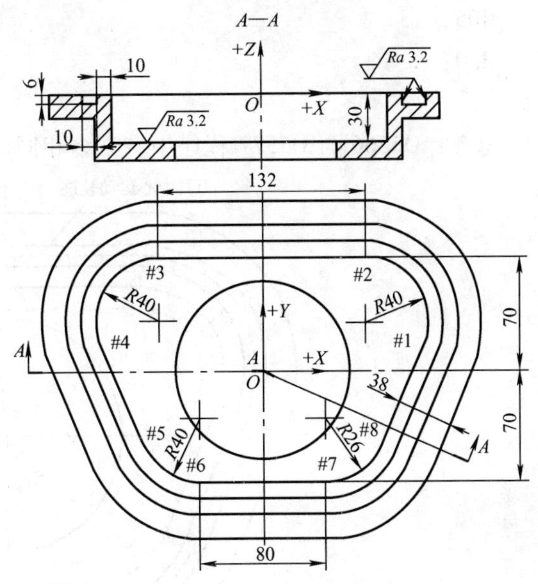

图 3-9　端盖油槽加工

（3）编程基本思路　因为给定的轮廓与油槽中心线平行，这就为应用刀具半径补偿功能提供了可能。根据内轮廓点的坐标，应用刀具半径补偿指令进行编程，在 D 中输入不同的刀具半径实现轮廓及油槽两个部位的加工。内轮廓用刀直径为 ϕ20mm，在 D01 中输入半径补偿值为 10mm；油槽轮廓用刀直径为 ϕ10mm，因以内轮廓为编程基准，内轮廓距离油槽中心线距离为 15mm（10mm＋10/2mm），所以在 D02 中输入刀具半径补偿值为 15mm。*XY* 平面中刀具中心的运动轨迹如图 3-10 所示。轮廓及油槽加工程序分别为 O5566、O5577。

（4）程序

内轮廓加工程序：

```
O5566;
G91 G28 Z0;
G54;
G90 G80 G40 G49;
M03 S600;
G00 X0 Y0;
Z－30. 0;
G42 G01 X0 Y70 F120. 0 D01;
X66. 0;                              (2)
G02 X102. 702 Y14. 096 R40. 0;       (1)
G01 X76. 702 Y－45. 904;             (8)
G02 X40. 0 Y－70. 0 R40. 0;          (7)
G01 X－40. 0 Y－70. 0;               (6)
G03 X－76. 702 Y－45. 904 R40. 0;    (5)
G01 X－102. 702 Y14. 096;            (4)
G02 X－66. 0 Y70. 0 R40. 0;          (3)
G01 X5. 0;
```

油槽轮廓加工程序：

```
O5577;
G91 G28 Z0;
G54;
G90 G80 G40 G49;
M03 S600;
G00 X0 Y0;
G42 G01 X0 Y70 F120. 0 D02;
G00 Z3. 0;
G01 Z－6. 0 F50. 0;
X66 F120. 0;                         (2)
G02 X103. 702 Y14. 096 R40. 0;       (1)
G01 X76. 702 Y－45. 904;             (8)
G02 X40. 0 Y－70. 0 R40. 0;          (7)
G01 X－40. 0 Y－70. 0;               (6)
G03 X－76. 702 Y－45. 904 R40. 0;    (5)
G01 X－102. 702 Y14. 096;            (4)
G02 X－66. 0 Y70. 0 R40. 0;          (3)
```

```
G40 G00 X0 Y0;
Z200.0;
M05;
M30;
```

```
G01 X5.0;
G40 G00 X0 Y0;
Z200.0;
M05;
M30;
```

思考：O5566 与 O5577 程序中有许多相同的程序段，如何简化程序的编写？

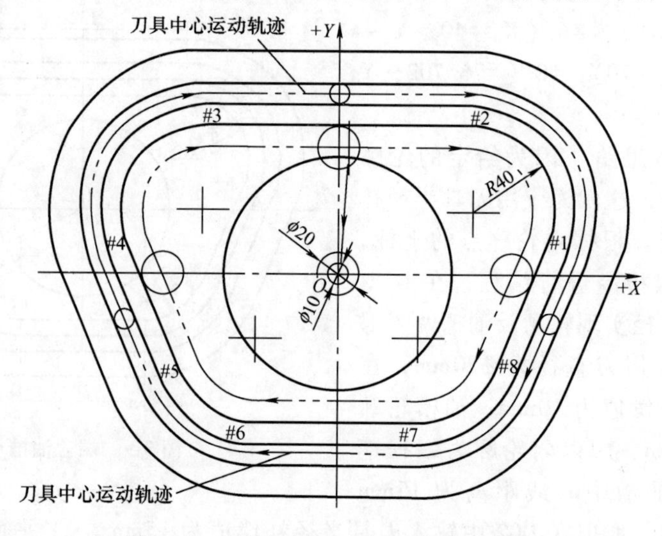

图 3-10　*XY* 面刀具中心运动轨迹示意图

第 4 章　孔加工循环指令

4.1　本章学习重点

了解孔加工循环指令的动作顺序；理解与应用孔加工循环指令，并编制各类孔的数控加工程序。

4.2　案例导入

1. 问题的提出

如图 4-1 所示的孔加工，其加工程序为 O3331。

```
O3331;
……
G00 X50.0 Y25.0;     (① X、Y 轴定位)
G00 Z6.0;            (②快速移动到切入点)
G01 Z-14.0 F20.0;    (③孔加工)
G04 P1000;           (④刀具在孔底暂停进给)
G00 Z6.0;            (⑤快速回退到切入点 R 面)
G00 Z30.0;           (⑥快速回退到初始面)
……
```

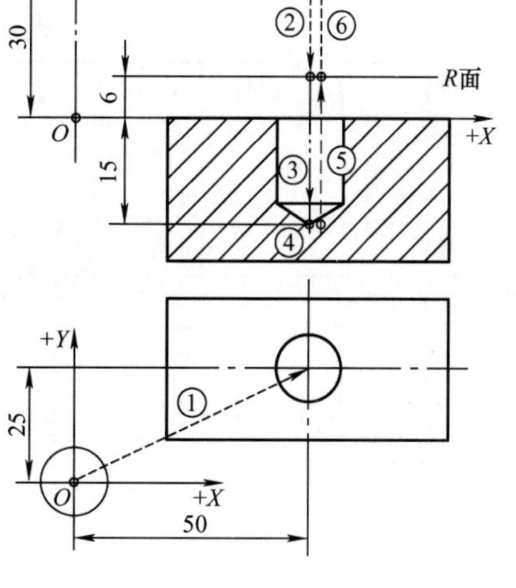

图 4-1　孔加工示意图

注：图中的移动轨迹，虚线表示快速定位，双点画线表示切削进给。为了区别进给与回退动作，图中有的刀具运动轨迹之间有一定的距离，如②与⑥、③与⑤等，实际运行中是重叠的。

通过图 4-1 所示的孔加工过程可知：一个孔的加工一般需要 6 个程序段，如序号①、②…⑥。如果工件上有 n 个孔要加工，就 $6n$ 个程序段，显然编程工作量较大。

2. 解决方法

使用固定循环指令，把上述 6 个动作用一个 G 指令来描述，即每个孔的加工只用一个孔循环指令就可以了，以减少程序书写量。

一个固定循环指令最多有 6 个顺序的动作，如图 4-2 所示。

动作 1：*X* 轴和 *Y* 轴定位

动作 2：快速移动到 *R* 点

动作 3：孔加工

动作 4：在孔底动作（如暂停）

动作 5：返回到 *R* 点

动作 6：快速移动到初始面（或 *R* 点）

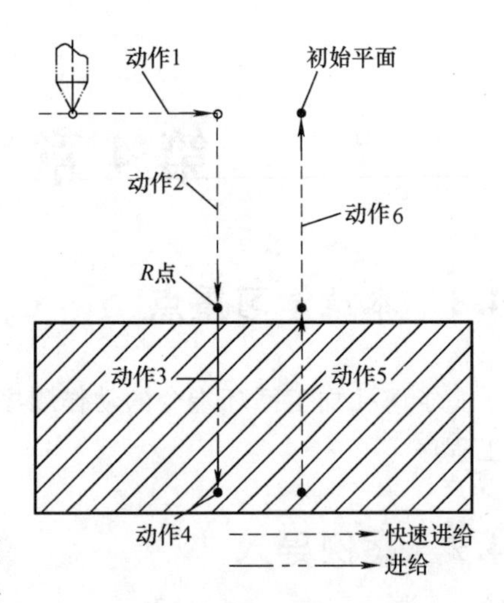

图 4-2　固定循环动作顺序示意图

4.3　孔加工循环指令及应用

1. 孔加工固定循环指令的一般格式

（1）编程格式

G90/G91 G98/G99 G＊＊ X_Y_Z_R_Q_P_L_F_K_；

（2）功能　以循环方式加工孔。

（3）说明

1）G98、G99 为返回平面选择。G98 表示孔加工完之后，刀具返回到初始面（某一 Z 值位置）。初始面就是某一程序段中的 Z 值所决定的平面，该程序段在 G98 或 G99 程序段上面且离 G98 或 G99 程序段最近。G99 为刀具返回到 *R* 面（*R* 面在下面阐述），如图 4-3 所示。

2）G＊＊（＊＊表示两位数字）为孔加工方式选择，如钻孔、钻中心孔循环 G81 指令等。更多的孔加工固定循环指令见表 4-1。

表 4-1　孔加工固定循环指令

G 代码	钻削（－*Z* 向）	在孔底的动作	回退（＋*Z* 方向）	应用
G73	间歇进给	—	快速移动	高速深孔钻循环
G74	切削进给	停刀-主轴正转	切削进给	左旋攻螺纹循环
G76	切削进给	主轴定向停止	快速移动	精镗循环
G80	—	—		取消固定循环
G81	切削进给	—	快速移动	钻孔、点钻循环
G82	切削进给	停刀	快速移动	钻孔、锪镗循环
G83	间歇进给	—	快速移动	深孔钻循环
G84	切削进给	停刀－主轴反转	切削进给	右攻螺纹循环
G85	切削进给	—	切削进给	镗孔循环
G86	切削进给	主轴停止	快速移动	镗孔循环
G87	切削进给	主轴正转	快速移动	背镗循环
G88	切削进给	停刀－主轴停止	手动移动	镗孔循环
G89	切削进给	停刀	切削进给	镗孔循环

3）X、Y 值为孔位置坐标。

4）Z 值：当使用 G90 时，Z 值为工件高度方向上的 *O* 面（$Z=0$ 位置）到孔底的距离；当使用 G91 时，Z 值为高度方向上的 *R* 面到孔底的距离，如图 4-4 所示。

5）R 值：当使用 G90 时，R 值为 *R* 面到 *O* 面的距离；当使用 G91 时，R 值为初始面到 *R* 面的距离。此段为快速进给段。*R* 面的选择既要考虑钻孔排屑，也要考虑效率与干涉问题，如图 4-4 所示。

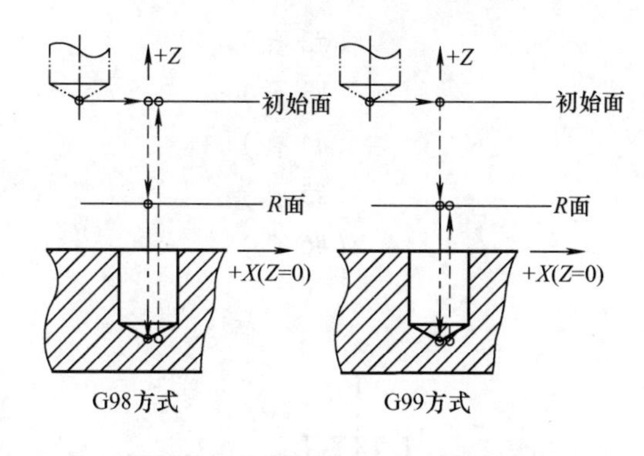

图 4-3　G98、G99 方式示意图

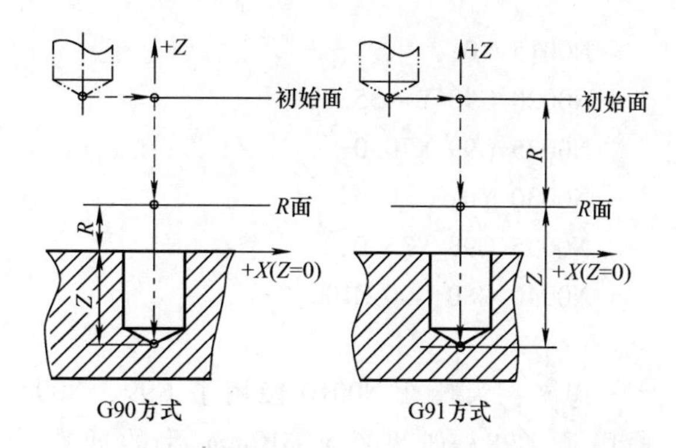

图 4-4　G90、G91 方式下的 Z 值示意图

6）Q 值为每次进给的切削深度（为增量值）或偏移值，深孔加工时使用，以利于排屑。工作原理是在循环基础上，每进给一增量深度，自动退刀，再进给一增量深度，自动退刀，直至结束。P 值为停止时间，单位为 ms；F 值为进给速度。

7）K 值为重复次数，等间距的孔系加工、增量编程方式时多采用此参数。K 值仅在被指定的程序段内有效。

8）固定循环撤销指令为 G80，另外 G00、G01、G02、G03 也起撤销作用。

2. 钻孔、钻中心孔循环 G81

（1）编程格式

G98/G99 G90/G91 G81 X_Y_Z_R_F_K_;

（2）功能与应用　刀具沿着 *X*、*Y* 轴定位后，快速移动到 *R* 面；切削进给执行到孔底；刀具从孔底快速退回，其工作过程如图 4-5 所示。G81 主要用于正常钻孔和钻中心孔。

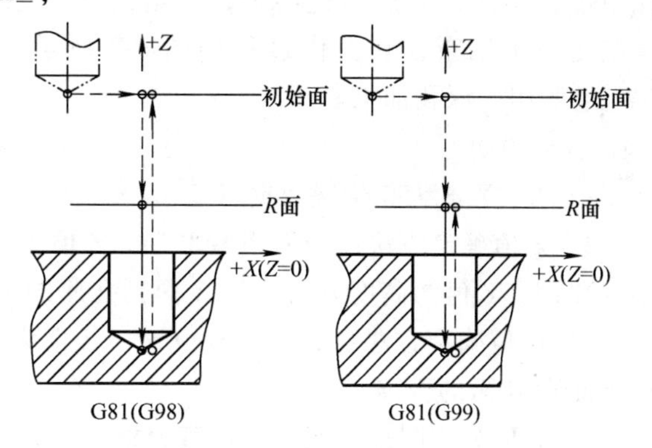

图 4-5　G81 指令工作过程示意图

（3）说明

1）X、Y 值为孔位置数据。

2）Z 值确定方法：当使用 G90 时，Z 值为工件高度方向上的 *O* 面到孔底的距离；当使用 G91 时，Z 值为高度方向上的 *R* 面到孔底的距离。

3）R 值确定方法：当使用 G90 时，R 值为 *R* 面到 *O* 面的距离；当使用 G91 时，R 值为初始面到 *R* 面的距离。

4）F 值为切削进给速度；K 值为重复次数。

注意：在指定 G81 之前，用辅助功能代码 M 使主轴旋转。如果用刀具长度补偿指令，应加到固定循环代码之前。

（4）举例　图 4-6 所示为 6 × ϕ10mm 孔加工，程序如 O4446 所示。

```
O4446;
……
N0010 G99 G81 X-70.0 Y35.0 Z-40.0 R5.0 F50.0;          (#1 孔)
```

N0015 Y0;　(#2 孔)

N0020 G98 Y-35.0;　(#3 孔)

N0025 G99 X70.0;　(#4 孔)

N0030 Y0;　(#5 孔)

N0035 G98 Y35.0;　(#6 孔)

N0040 G80 G00 Z100.0;

……

思考：为什么 N0010 段用了 G99、N0020 段用了 G98？如果 6×ϕ10mm 孔的间距由 140mm 改为（140±0.02）mm，孔的加工顺序应如何考虑？

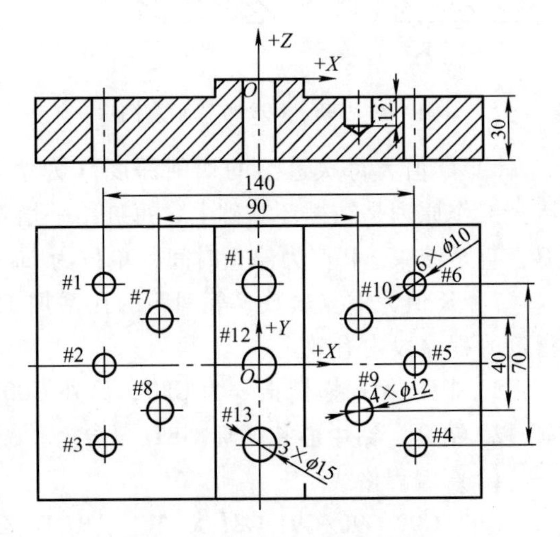

图 4-6　钻孔 G81 指令举例

3. 高速排屑钻孔循环 G73

（1）编程格式

G98/G99 G90/G91 G73 X_Y_Z_R_Q_F_K_;

（2）功能与应用　刀具沿着 *X*、*Y* 轴定位后，快速移动到 *R* 面；执行间歇切削进给，即每进给 *Q* 距离就回退 *d* 距离，回退过程中，从孔中排除切屑，之后再进给 *Q*，再退出 *d*，直至把孔加工结束，其工作过程如图 4-7 所示。G73 主要用于深孔加工。

（3）说明

1）X、Y 值为孔位置数据。

2）Z 值确定方法：当使用 G90 时，Z 值为工件高度方向上的 *O* 面到孔底的距离；当使用 G91 时，Z 值为高度方向上的 *R* 面到孔底的距离。

3）R 值确定方法：当使用 G90 时，R 值为 *R* 面到 *O* 面的距离；当使用 G91 时，R 值为初始面到 *R* 面的距离。

4）F 值为切削进给速度；K 值为重复次数；Q 值为每次切削进给的切削深度；*d* 从系统参数当中设置。

（4）举例　如图 4-8 所示，加工 6×ϕ8mm 孔，程序如 O4448 所示，加工顺序为#1-#2-#3-#4-#5-#6。

O4448;

G91 G28 Z0;

G54 G90;

M03 S2000;

G99 G73 X-80.0 Y50.0 Z-65.0 R5.0 Q15.0 F120.0 M08;(#1)

X0;　(#2)

X80.0;　(#3)

X-80.0 Y-50.0;(#4)

```
X0;                    (#5)
G98 X80.0;             (#6)
G80 M09;
M05;
M30;
```

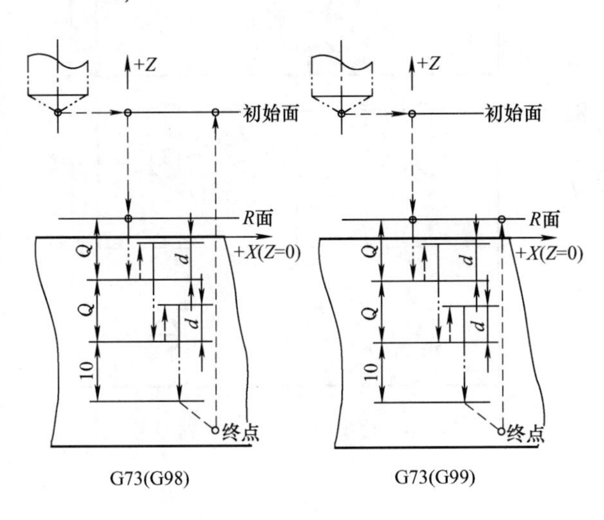

图 4-7　G73 指令工作过程示意图

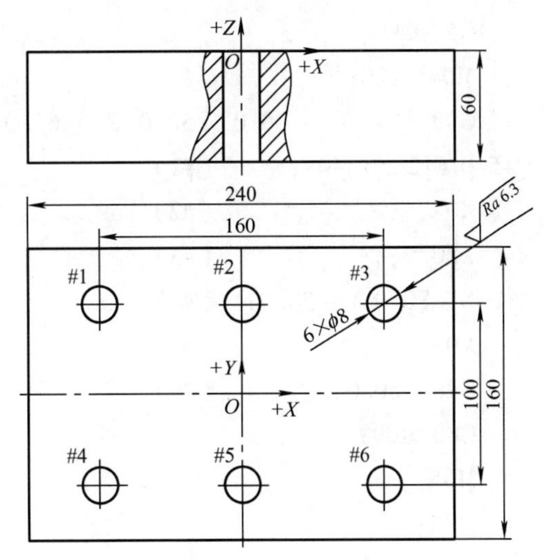

图 4-8　钻孔 G73 指令举例

4. 左旋螺纹攻螺纹循环 G74

（1）编程格式

G98/G99 G90/G91 G74 X_Y_Z_R_P_F_K_;

（2）功能与应用　刀具沿着 *X*、*Y* 轴定位后，快速移动到 *R* 面；主轴逆时针旋转加工左旋螺纹，到达孔底时，主轴顺时针旋转退出，回到指定平面，其工作过程如图 4-9 所示。G74 加工左旋螺纹。

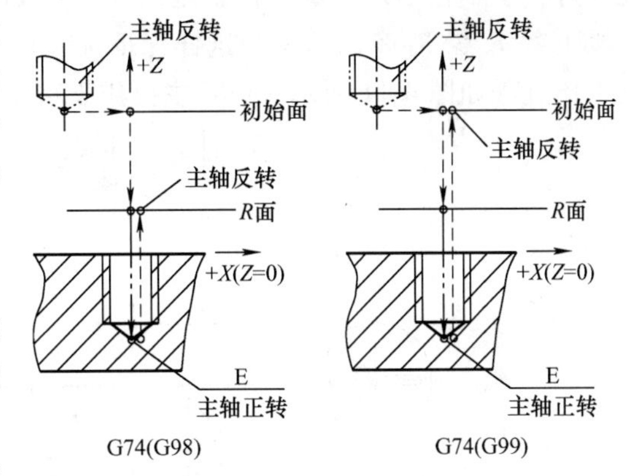

图 4-9　G74 指令工作过程示意图

（3）说明

1）螺纹切削时，进给倍率忽略，固定在 100% 位置上；进给暂停不停止机床，直到回退动作完成。

2）在 G74 之前需要用 M04 指令配合加工左旋螺纹。

3）X、Y 值为孔位置数据。

4）Z 值确定方法：当使用 G90 时，Z 值为工件高度方向上的 *O* 面到孔底的距离；当使用 G91 时，Z 值为高度方向上的 *R* 面到孔底的距离。

5）R 值确定方法：当使用 G90 时，R 值为 *R* 面到 *O* 面的距离；当使用 G91 时，R 值为初始面到 *R* 面的距离。

6）F 值为切削进给速度，其单位为螺纹螺距值或等于主轴转速与螺距的乘积；K 值为重复次数；P 值为暂停时间。

（4）举例　如图 4-10 所示，加工螺纹（螺纹孔已加工结束）程序如 O4410 所示，加工顺序为#1-#2-#3-#4-#5-#6。

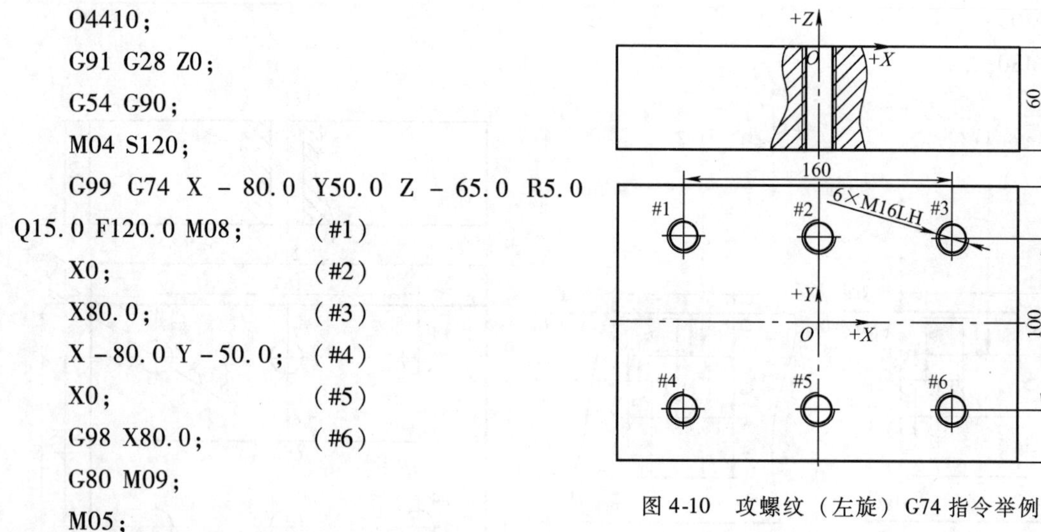


```
O4410;
G91 G28 Z0;
G54 G90;
M04 S120;
G99 G74 X - 80.0 Y50.0 Z - 65.0 R5.0
Q15.0 F120.0 M08;         (#1)
X0;                       (#2)
X80.0;                    (#3)
X -80.0 Y -50.0;          (#4)
X0;                       (#5)
G98 X80.0;                (#6)
G80 M09;
M05;
M30;
```

图 4-10　攻螺纹（左旋）G74 指令举例

5. 精镗循环 G76

（1）编程格式

G98/G99 G90/G91 G76 X_Y_Z_R_Q_P_F_K_;

（2）功能与应用　刀具沿着 *X*、*Y* 轴定位后，快速移动到 *R* 面；镗削精密孔，当刀具到孔底时，主轴在固定的旋转位置定向停止（如图 4-11a 所示），刀具向刀尖的相反方向移动一段距离 *q*，之后 *Z* 向退刀，这样保证加工面不被刀尖破坏，实现精密和有效的镗削加工，其工作过程如图 4-11 所示。G76 主要用于精密孔的镗削加工。

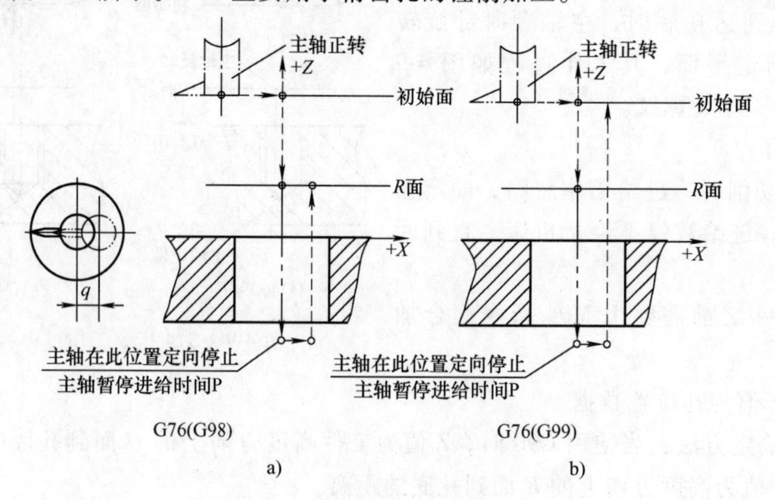

图 4-11　G76 指令工作过程示意图

（3）说明

1）X、Y 值为孔位置数据。

2）Z 值确定方法：当使用 G90 时，Z 值为工件高度方向上的 *O* 面到孔底的距离；当使用 G91 时，Z 值为高度方向上的 *R* 面到孔底的距离。

3）R 值确定方法：当使用 G90 时，R 值为 *R* 面到 *O* 面的距离；当使用 G91 时，R 值为初始面到 *R* 面的距离。

4）F 值为切削进给速度；Q 值为刀具在孔底的偏移量，Q 值指定为正值；P 值为在孔底的暂停时间；K 值为重复次数。

（4）举例　如图 4-12 所示，精密孔镗削程序如 O4412 所示。

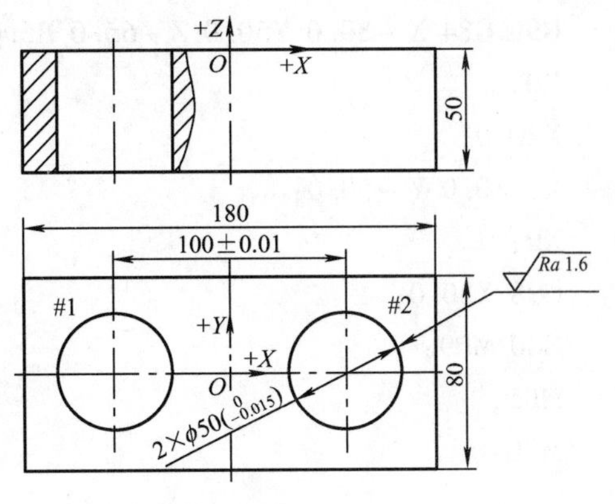

图 4-12　精镗 G76 指令举例

```
O4412;
G91 G28 Z0;
G54 G90;
M03 S500;
G99 G76 X-50.0 Y0 Z-55.0 R5.0 Q3.0 P1000 F100.0;      (#1)
G98 X50.0;                                             (#2)
G80;
M05;
M30;
```

6. 攻螺纹循环 G84（右旋）

（1）编程格式

G98/G99 G90/G91 G84 X_Y_Z_R_P_F_K_;

（2）功能与应用　刀具沿着 *X*、*Y* 轴定位后，快速移动到 *R* 面；主轴顺时针旋转执行攻螺纹，当刀具到达孔底时，主轴以反方向旋转，快速回退出来，其工作过程如图 4-13 所示。G84 主要用于右旋螺纹加工。

（3）说明

1）螺纹切削时，进给倍率忽略，固定在 100% 位置上；进给暂停不停止机床，直到回退动作完成。

2）X、Y 值为孔位置数据。

3）Z 值确定方法：当使用 G90 时，Z 值为工件高度方向上的 *O* 面到孔底的距离；当使用 G91 时，Z 值为高度方向上的 *R* 面到孔底的距离。

4）R 值确定方法：当使用 G90 时，R 值为 *R* 面到 *O* 面的距离；当使用 G91 时，R 值为初始面到 *R* 面的距离。

5）F 值为切削进给速度；P 值为在孔底的暂停时间；K 值为重复次数。

（4）举例　如图 4-14 所示，进行 6×M16 右旋螺纹孔加工，其程序如 O4414 所示，加工顺序为#1-#2-#3-#4-#5-#6。

```
O4414;
G91 G28 Z0;
G54 G90;
```

M03 S120;

M08;

G99 G84 X－80.0 Y50.0 Z－65.0 R5.0 F120.0; (#1)

X0; (#2)

X80.0; (#3)

X－80.0 Y－50.0; (#4)

X0; (#5)

G98 X80.0; (#6)

G80 M09;

M05;

M30;

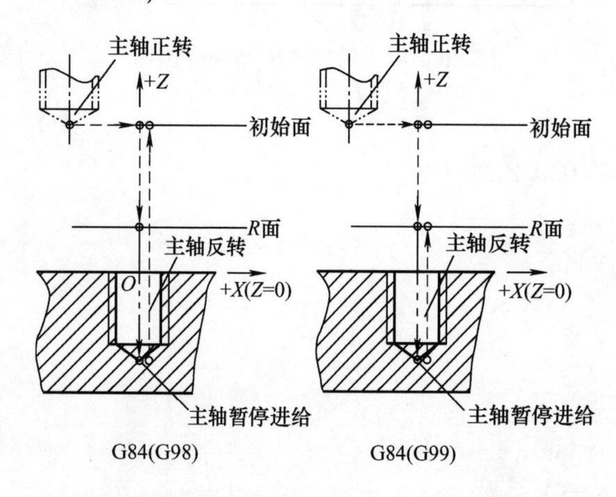

图 4-13 G84 指令工作过程示意图

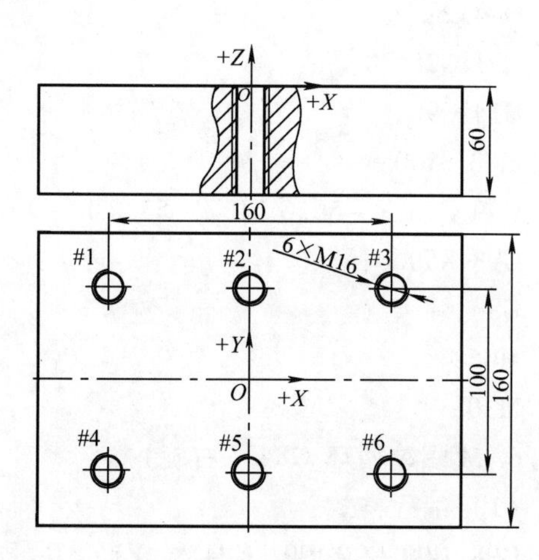

图 4-14 攻螺纹 G84 指令举例

7. 镗孔循环 G85

（1）编程格式

G98/G99 G90/G91 G85 X_Y_Z_R_F_K_;

（2）功能与应用　刀具沿着 *X*、*Y* 轴定位之后，快速移动到 *R* 面；然后从 *R* 面开始执行镗孔；当切削进给结束时，仍以切削进给方式返回到 *R* 面，其工作过程如图 4-15 所示。G85 主要用于孔的半精加工或精度要求不高的孔的加工。

（3）说明

1）X、Y 值为孔位置数据。

2）Z 值确定方法：当使用 G90 时，Z 值为工件高度方向上的 *O* 面到孔底的距离；当使用 G91 时，Z 值为高度方向上的 *R* 面到孔底的距离。

3）R 值确定方法：当使用 G90 时，R 值为 *R* 面到 *O* 面的距离；当使用 G91 时，R 值为初始面到 *R* 面的距离。

4）F 值为切削进给速度；K 值为重复次数。

（4）举例　如图 4-16 所示的孔加工，其程序如 O4416 所示。

O4416;

G91 G28 Z0;

G54 G90;

M03 S150;

G99 G85 X－50. 0 Y0 Z－55. 0 R5. 0 F100. 0;　　　　　　　　(#1)

G98 X50. 0;　　　　　　　　(#2)

G80;

M05;

M30;

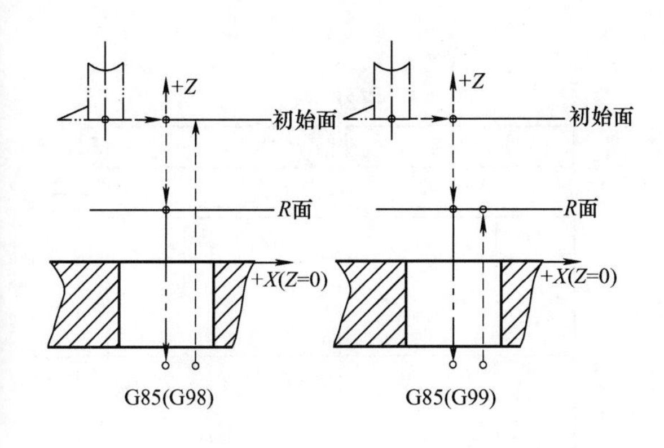

图 4-15　G85 指令工作过程示意图

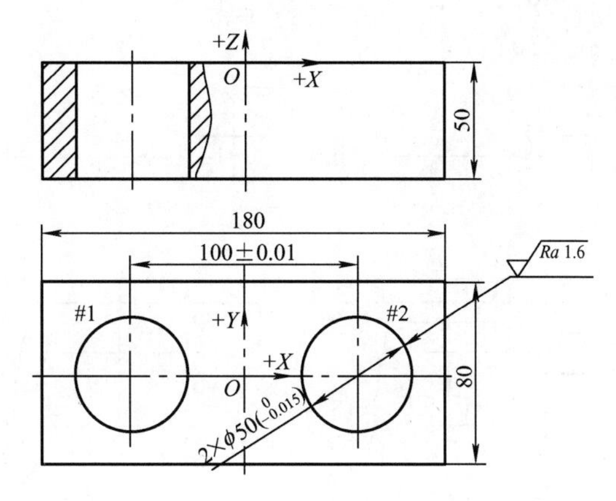

图 4-16　镗孔 G85 指令举例

8. 深孔钻循环 G83

(1) 编程格式

G98/G99 G90/G91 G83 X_Y_Z_R_Q_F_K_;

(2) 功能与应用　刀具沿着 *X*、*Y* 轴定位之后，快速移动到 *R* 面；执行间歇切削进给进行深孔加工，钻孔过程中从孔中排除切屑，其工作过程如图 4-17 所示。G83 主要用于小孔钻削加工。

(3) 说明

1) X、Y 值为孔位置数据。

2) Z 值确定方法：当使用 G90 时，Z 值为工件高度方向上的 *O* 面到孔底的距离；当使用 G91 时，Z 值为高度方向上的 *R* 面到孔底距离。

3) R 值确定方法：当使用 G90 时，R 值为 *R* 面到 *O* 面的距离；当使用 G91 时，R 值为初始面到 *R* 面的距离。

4) F 值为切削进给速度；K 值为重复次数；Q 值为每次切削进给的切削深度，*d* 在系统参数之中设置。

(4) 举例　图 4-18 所示为 6×ϕ8mm 孔的加工，其程序如 O4418 所示，加工顺序为#1-#2-#3-#4-#5-#6。

O4418;

G91 G28 Z0;

G54 G90;

M03 S1500;

G99 G83 X－80. 0 Y50. 0 Z－25. 0 R5. 0 Q10. 0 F120. 0;　　　　　　　　(#1)

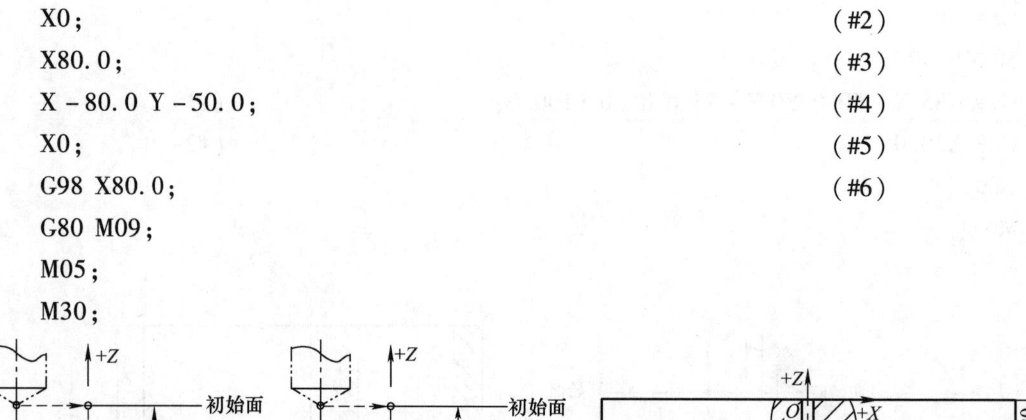

```
X0;                                    (#2)
X80.0;                                 (#3)
X-80.0 Y-50.0;                         (#4)
X0;                                    (#5)
G98 X80.0;                             (#6)
G80 M09;
M05;
M30;
```

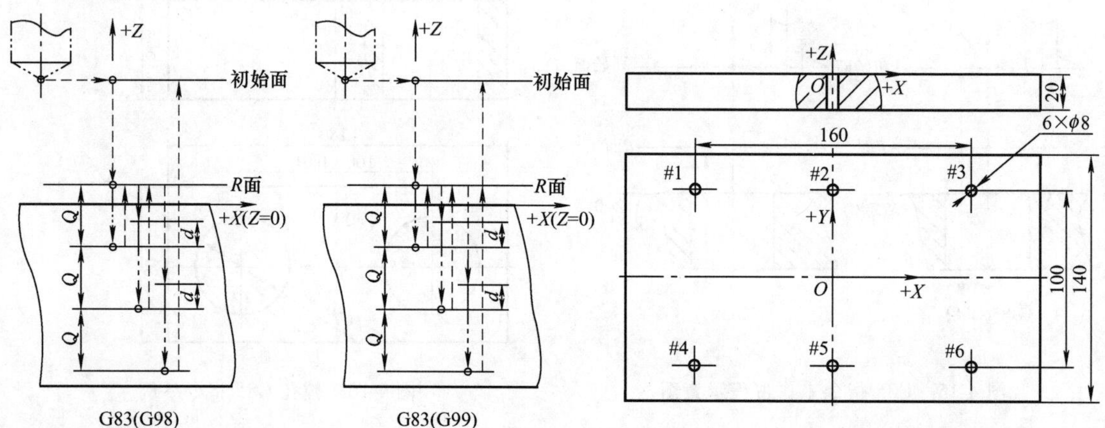

图 4-17　G83 指令工作过程示意图

图 4-18　深孔钻 G83 指令举例

9. 固定循环取消 G80

（1）编程格式

G80;

（2）功能　取消所有的固定循环。

（3）应用　所有固定循环指令应用结束之后，配合用 G80 指令即可。

第5章　子程序指令

5.1　本章学习重点

理解子程序的应用背景；能利用子程序指令编制子程序；正确利用主程序调用子程序。

5.2　案例导入

1. 切削工艺分析

如图5-1a所示，用ϕ16mm立铣刀粗加工，达到图5-1b所示结果。

凸台在高度方向上总切削厚度为20mm，用ϕ20mm立铣刀每次背吃刀量为5mm，需要分4层切削才能把大量的金属余量去除，如图5-1c的*A*层、*B*层、*C*层及*D*层所示。每一层的刀具路径为1-2-3-4-5-2-1，这样的刀具路径需要重复4次，才能达到图5-1b所示结果。

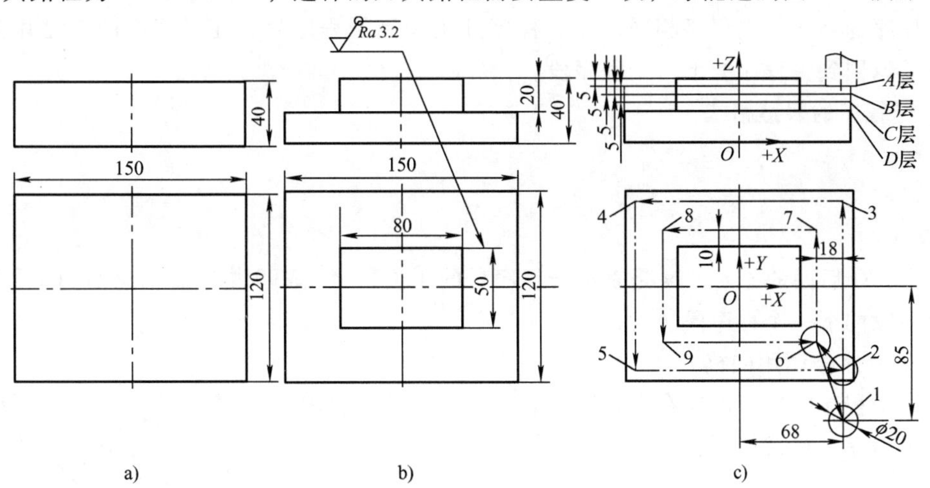

图5-1　凸台粗加工

2. 未引入子程序前的数控加工程序

对如图5-1所示的零件，在未引入子程序时的数控加工程序如下：

```
O5511；
G91 G28 Z0；
G54；
G90 G49 G80 G40；
M03 S800；
N01 G00 X80.0 Y－80.0 M08；          (1)
               Z35.0；               (1)
Z30.0；                              (1)
(重复前面的N02到N07内容。)
Z25.0；                              (1)
(重复前面的N02到N07内容。)
Z20.0；                              (1)
(重复前面的N02到N07内容。)
M09；
```

```
N02 G42 G01 X50.0 Y-50.0 D01
F120.0;                              (2)
N03 Y50.0;                           (3)
N04 X-50.0;                          (4)
N05 Y-50.0;                          (5)
N06 X50.0;                           (2)
N07 G40 G00 X80.0 Y-80.0;            (1)
M05;
M30;
```

3. 程序分析与优化策略

由 O5511 程序可以看出，层的变化通过 Z 值（35、30、25、20）控制，每一层的刀具路径是一样的（1-2-3-4-5-2-1），如不用一定简化方法编写程序，4 层需要编写 4 次切削部分的代码（N02 ~ N07），程序书写工作量较大。基于此，引入子程序，以简化程序编写工作量。把程序中某些固定顺序和重复出现的程序单独抽出来，按一定格式编成一个程序供主程序调用，这个程序就是常说的子程序。使用子程序可以简化主程序的编制工作。

5.3 子程序的编写格式及应用

子程序的格式与主程序相同，在子程序开头编制子程序号，在子程序的结尾用 M99 指令，表示返回到主程序的下一个程序段。

1. 子程序的表达格式

```
O****;
……
M99;
```

其中，O 后面的****是表示子程序号的 4 位数字，M99 指令表示返回到主程序中调用子程序段的下一个程序段。

2. 子程序被调用的格式

调用子程序的指令需要在主程序中表达，之后再执行单独编写的子程序，格式如下：

```
……
M98 P****L****;
……
```

其中，P 后面的 4 位数字为被调用的子程序号；L 后面的 4 位数字为重复调用的次数，省略时为调用一次。

说明：子程序可以被主程序多次调用。每次调用结束之后，通过 M99 指令返回到主程序调用指令 M98 的下一程序段。主、子程序调用结构如图 5-2 所示。

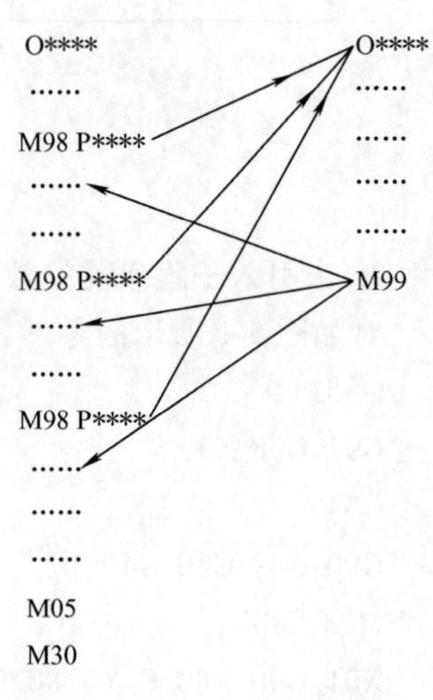

图 5-2　主、子程序调用结构

3. 子程序应用举例

（1）轮廓加工　如图 5-1 所示零件，其数控加工程序分别为 O5511（主程序）、O5522（子程序）。

```
O5511;
G91 G28 Z0;
G54;
G90 G49 G80 G40;
M03 S800;
N01 G00 X80.0 Y-80.0 M08;            (1)
Z35.0;                               (1)
D01 M98 P5522;
Z30.0;                               (1)
D01 M98 P5522;
Z25.0;                               (1)
D01 M98 P5522;
Z20.0;                               (1)
M09;
G00 Z200.0;
M05;
M30;
```

```
O5522;
N02 G42 G01 X50.0 Y-50.0 F120.0;
                                     (2)
N03 Y50.0;                           (3)
N04 X-50.0;                          (4)
N05 Y-50.0;                          (5)
N06 X50.0;                           (2)
N07 G40 G00 X80.0 Y-80.0;            (1)
M99;
```

（2）槽系加工　如图 5-3a 所示，用 ϕ8mm 键槽铣刀加工宽为 8mm 的槽，已知该工件的毛坯已经过精加工处理。

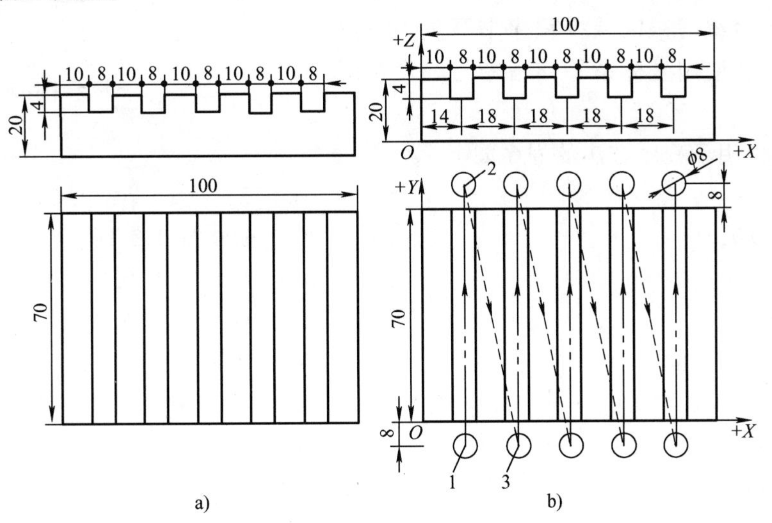

图 5-3　槽体

通过分析，用 ϕ8mm 键槽铣刀可以一次铣削深度为 2mm 的槽。每个槽的尺寸一样，其间距呈一定规律（间距为 18mm），因此，可以用子程序编写。图 5-3b 为刀具路径图：第一个槽为 1-2-3；其他槽的刀具路径与第一个槽一样。程序如下：

```
O5533;
G91 G28 Z0;
G90 G54;
```

```
O5544;
G91 G01 X0 Y86.0 F80.0;              (2)
G00 Z4.0;
```

```
M03 S600;
G49 G80 G40;
G00 X14.0 Y-8.0;                  (1)
Z-2.0;
M08;
M98 P5544 L5;
G00 Z100.0;
M09;
M05;
M30;
```

```
X18 Y-86.0;                       (3)
Z-4.0;
M99;
```

说明：本程序使用了 L5，即连续 5 次调用子程序。一般情况下，多次调用子程序时多与 G91 增量方式配合使用，基本原理是子程序反复执行完指定次数之后，再返回到主程序中。

(3) 相同槽系加工　如图 5-4 所示，用 ϕ8mm 键槽铣刀加工槽，编制该槽的精加工程序。

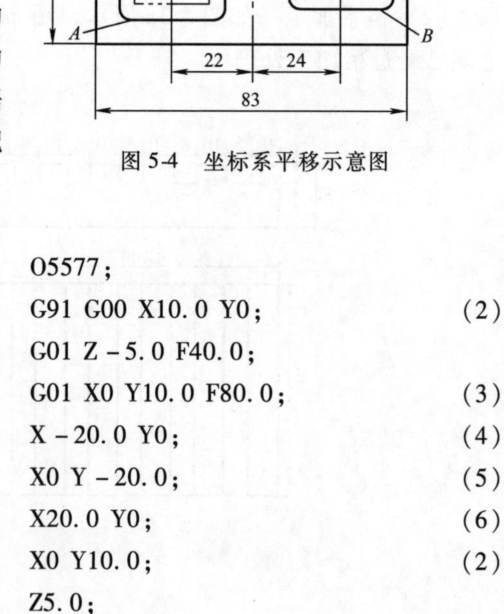

图 5-4　坐标系平移示意图

通过对图 5-4 分析知，此零件加工三个槽的刀具路径相同，应把编程坐标系设在每个槽体的中心，用子程序编写，以减少程序书写量。根据所学知识，可以使用坐标系平移指令与子程序配合编程。

1) 单独使用子程序方法的程序如下：

```
O5566;
G91 G28 Z0;
G54;
M03 S400;
G90 G40 G49 G80;
G00 X-22.0 Y-20.0;                (1)
G00 Z1.0;
M98 P5577;                        (A 槽)
G00 X24.0 Y-17.0;                 (B 槽)
M98 P5577;
G00 X-5.0 Y20.0;
M98 P5577;                        (C 槽)
G00 Z100.0;
M05;
M30;
```

```
O5577;
G91 G00 X10.0 Y0;                 (2)
G01 Z-5.0 F40.0;
G01 X0 Y10.0 F80.0;               (3)
X-20.0 Y0;                        (4)
X0 Y-20.0;                        (5)
X20.0 Y0;                         (6)
X0 Y10.0;                         (2)
Z5.0;
M99;
```

2) 坐标系平移指令与子程序配合编制的程序如下：

```
O5551;
G91 G28 Z0;
G54;
M03 S400;
G90 G40 G49 G80;
G52 X-22.0 Y-20.0 Z0;          (A 槽)
M98 P5552;
G52 X0 Y0 Z0;
G52 X24.0 Y-17.0 Z0;           (B 槽)
M98 P5552;
G52 X0 Y0 Z0;
G52 X-5.0 Y20.0 Z0;            (C 槽)
M98 P5552;
G52 X0 Y0 Z0;
G00 Z100.0;
M05;
M30;
```

```
O5552;
G90 G00 X10.0 Y0;              (2)
Z2.0;
G01 Z-4.0 F40.0;
G01 X0 Y10.0 F80.0;            (3)
X-10.0;                        (4)
Y-10.0;                        (5)
X10.0;                         (6)
Y0;                            (2)
Z6.0;
M99;
```

第6章　刀具长度补偿指令

6.1　本章学习重点

掌握G43、G44、G49刀具长度补偿指令及其应用的几种情况；能在数控铣床以及加工中心的加工程序中应用刀具长度补偿指令编程。

6.2　案例导入

1. 案例一

使用数控铣床加工某一工件，需要使用6把刀，而这6把刀的长度已经测得。加工工件时，只能用其中的一把刀具对工件进行对刀操作，其他刀具不用对刀或不方便对刀。在同一个工件坐标系下，如何高效且准确地使其他刀具也能正常使用，以保证工件 Z 向尺寸的正确性?

2. 案例二

使用加工中心加工某一工件，加工此工件的一程序中要使用6把刀具，而这6把刀的长度已经测得。如何在程序中约定这6把刀具在长度方向上的一个基准，以保证工件 Z 向尺寸的正确性?

刀具长度补偿指令针对案例一、案例二的情境并考虑到刀具磨损状况，解决了刀具在长度方向上的尺寸管理。刀具长度管理由建立刀具长度补偿指令G43、G44及取消刀具长度补偿指令G49组成。

6.3　刀具长度补偿指令

（1）编程格式

G43/G44 G00/G01 Z_H_F_；

……

G49 G00/G01_X_Y_Z_F_；

（2）功能及应用　使刀具在 Z（一般情况下）方向上的实际位移量比程序给定的Z值增加或减少一个偏置量。当刀具在长度方向的尺寸发生变化时，可以在不改变程序的情况下，通过改变偏置量，加工出所要求的零件尺寸。

（3）说明

1）G43为刀具长度正补偿，即补偿方向与工件坐标系 $+Z$ 同向；G44为刀具长度负补偿，即补偿方向与工件坐标系 $+Z$ 异向；G49为刀具长度补偿取消指令。长度补偿指令可与G01或G00组合使用。与G01组合使用时，用进给速度F指令；与G00组合使用时，不用F指令。

2）Z 值为目标点坐标；H 值为刀具长度补偿值的存储地址，补偿量存入由 H 代码指定的存储器中。

3）G90、G91 对 G43 与 G44 的长度方向运算不产生影响。

4）执行 G43 时：$Z_{实际坐标}=Z_{目标点坐标}+$H 中的长度值；执行 G44 时：$Z_{实际坐标}=Z_{目标点坐标}-$H 中的长度补偿值，如图 6-1 所示。

5）G43、G44 两者可互换使用，可达到相同的效果，只是要把 H 中的长度补偿值变换正负号。一般情况下使用 G43。

6）这里定义的刀具长度指的是：主轴锥孔底面至刀尖的长度，该长度可通过对刀仪测得。

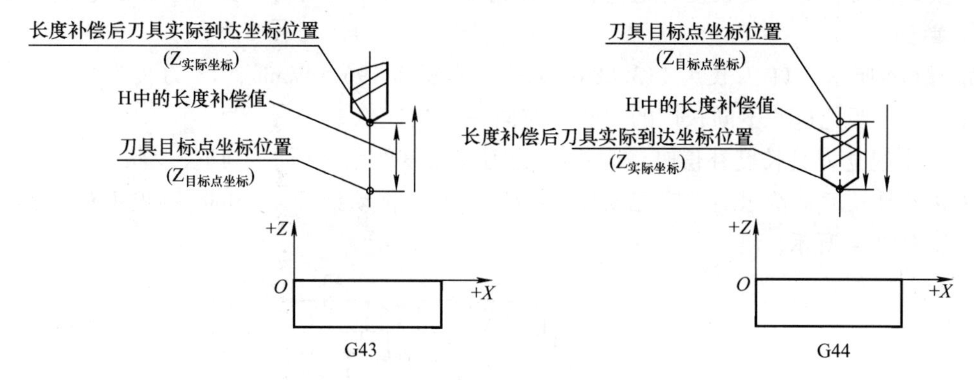

图 6-1　刀具长度补偿示意图

（4）举例

例 1：如图 6-2 所示，其长度补偿格式为 G43 G00 Z40.0 H01。

其中 H01 中的值为 20mm，根据计算公式 $Z_{实际坐标}=Z_{目标点坐标}+$H 中的长度值，$Z_{实际坐标}=$（40＋20）mm＝60mm。如用 G44，则表达为 G44 G00 Z40 H01，H01 中的值应为－20mm，$Z_{实际坐标}=Z_{目标点坐标}-$H 中的长度值，$Z_{实际坐标}=$［40－（－20）］mm＝60mm。

例 2：如图 6-3 所示，其长度补偿格式为 G44 G00 Z40.0 H01。

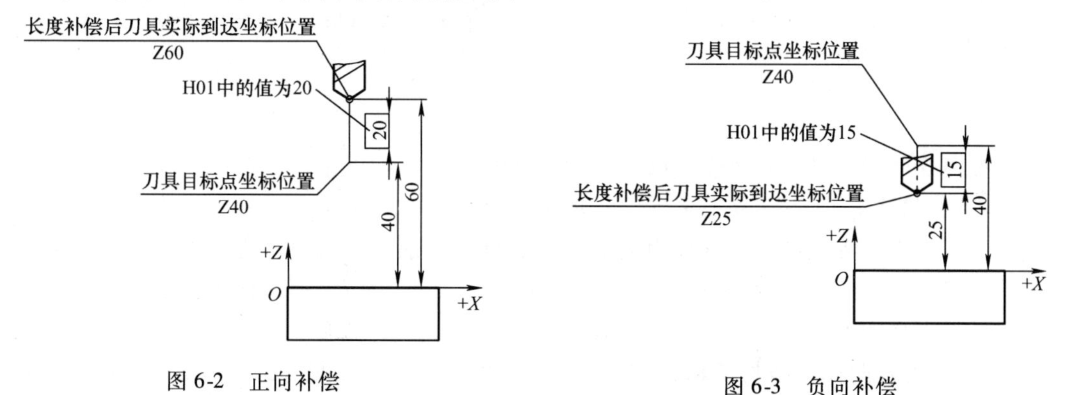

图 6-2　正向补偿

图 6-3　负向补偿

其中 H01 中的值为 15mm，根据计算公式 $Z_{实际坐标}=Z_{目标点坐标}-$H 中的长度值，$Z_{实际坐标}=$（40－15）mm＝25mm。如用 G43，则表达为 G43 G00 Z25.0 H01 表达，H01 中的值应为－15mm，$Z_{实际坐标}=Z_{目标点坐标}-$H 中的长度值，$Z_{实际坐标}=$［40＋（－15）］mm＝25mm。

由此可见，把 H 中的值变换正负号，G43、G44 可互换达到同样的效果。

6.4 刀具长度补偿的三种应用方式

6.4.1 刀具长度差补偿方式

1. 基本原理与方法

用一把刀具作为基准刀具并用这把刀对刀，把对刀得到的 *Z* 向机床坐标值输入到 G54 的 Z 值中，这个基准刀具的长度补偿值则设为 0。计算其他刀具相对基准刀具在长度方向的差值，该差值可作为刀具长度补偿值输入 H 指定的地址中，可使各刀具运动的起点相同。

2. 举例

如图 6-4 所示，T1 刀长为 113.884mm，T2 刀长为 196.147mm，T3 刀长为 88.8mm。在编制程序时，要把这些不同长度的刀建立在同一 *Z* 向起点上。

（1）未建立刀具长度补偿时　图 6-4a 为刀具长度补偿之前的刀具长度状态；图 6-4b 为没有建立刀具长度补偿之前（但已对完 T1 刀），刀具移动到 *Z* = 100mm 高度上的刀具状态，其程序如 O1234 所示。

```
O1234;
……
G54;
……
T1 M06;
G00 Z100.0;
……
T2 M06;
G00 Z100.0;
……
T3 M06;
G00 Z100.0;
……
```

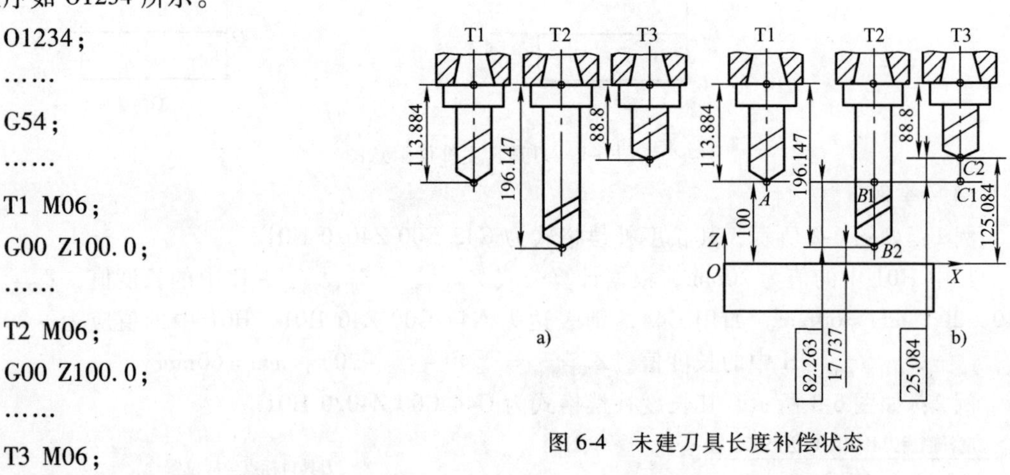

图 6-4　未建刀具长度补偿状态

通对本程序 O1234 及图 6-4b 分析知，T1 刀建立在 *Z* = 100mm 高度上、T2 刀建立在 *Z* = 17.737mm 高度上、T3 刀建立在 *Z* = 125.084mm 高度上。其原因是：以 T1 刀为基准刀并用其对刀，其刀尖 *A* 为基准点。在没有建立刀具长度补偿前，三把刀具之间没有建立长度之间的关系，T2、T3 刀的 *Z* 向移动还是以 *A* 为基准点（即 T2 的 *B*1、T3 的 *C*1 为基准点）进行移动，所以在高度方向尺寸不一样。如加工一个孔，则 T1 刀加工的孔 *Z* 向尺寸满足要求；T2 刀加工的孔 *Z* 向尺寸增长了 82.263mm；T3 刀加工的孔 *Z* 向尺寸缩短了 25.084mm。由此可见，为加工出满足 *Z* 向尺寸的孔，用刀具长度补偿指令使各刀起始高度相同是必要的。

（2）进行了刀具长度补偿时　如将 T1 刀作为基准刀，刀具起点建立在 *Z* = 100mm 高度平面上，其他刀具也建立在 *Z* = 100mm 高度平面上，计算刀长差为 H1 = 0，H2 = （196.147 − 113.884）mm = 82.263mm，H3 = （88.8 − 113.884）mm = −25.084mm。

图 6-5 所示为建立了刀具长度补偿之后的刀具状态，其加工中心程序如 O4567 所示。

```
O4567;
……
G54;
……
T1 M06;
G43 G00 Z100.0 H01;
……
G49 ……;
……
T2 M06;
G43 G00 Z100.0 H02;
……
G49 ……;
……
T3 M06;
G43 G00 Z100.0 H03;
……
G49 ……;
```

通对本程序 O4567 及图 6-5 分析知，刀具实际刀尖建立在同一个高度平面上，即 $Z=100$mm 高度平面上。由于 T1 刀具是基准刀具，所以其刀尖 A 即为程序运动的基准点。T2、T3 刀具是相对于 T1 刀具的，其运动以 T2 的 $B1$ 点和 T3 的 $C1$ 点（由 T1 的 A 点转变）为运动的基准点，通过刀具长度补偿指令，使各刀的实际刀位点（T2 的 $B2$ 点和 T3 的 $C2$ 点）到达与基准刀位点（T1 的 A 点）相同的高度，以便用不同长度的刀加工的工件在高度方向上的是尺寸一样的。

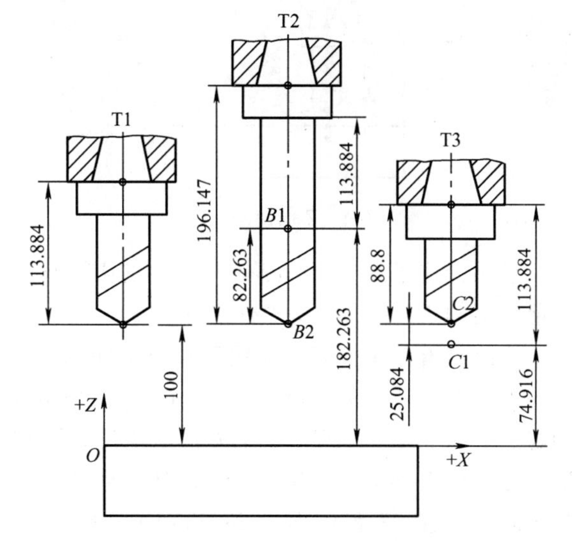

图 6-5　建立刀具长度补偿之后的状态

在刀具长度值已知的情况下，刀具长度差方式在实际中很少应用。有时，当工件 Z 向尺寸有误差时，用这误差值作为长度补偿值。

6.4.2　刀具实际长度值补偿值方式

通过对刀仪把刀具的实际长度测量出来，并把刀具的实际长度作为刀具长度补偿值，进行刀具长度补偿。

1. 基本原理与方法

首先，使用对刀仪测量刀具的长度，然后把这些刀具长度数值输入到对应刀具的长度补偿 H 地址中，作为刀具长度补偿值。其次，用某一把刀对工件在 Z 向对刀，对刀完成之后（确保刀具 Z 向不移动），观察屏幕上此时机床坐标 Z 值（注意：对刀完成之后，屏幕上显示的机床坐标 Z 值是主轴锥孔底面至机床坐标系零点的距离，并不是刀尖的坐标）。最后，把对刀状态的机床坐标 Z 值与此把刀长进行差运算，使主轴锥孔底面与工件坐标系 Z0 面重合，并把计算的机床坐标值输入到 G54 中。该方法实质是让主轴端面与工件坐标系 Z 向零点重合，以主轴端面为 Z 向零点。

2. 举例

把刀具长度设置在 H01 中，把刀具定位在 $Z=5\text{mm}$ 的平面上。

如图 6-6 所示，用 T1 刀（其长度为 113.884mm）刀尖在工件上的 A 点处对刀，此时屏幕上显示的机床坐标值 $Z=-420.027\text{mm}$，是 C 点的机床坐标值；如果把 C 点移动到工件坐标系 Z0 处，则如图 6-7 所示，即把锥孔底面中心点 C 移至 A 处，则 C 点在 A 处的机床坐标值 $Z=-(420.027+113.884)\text{mm}=-533.911\text{mm}$。

再把 T1 刀在 X、Y 向对刀，连同上面的 $Z=-533.911\text{mm}$ 输入到 G54 中的 X、Y、Z 中：

G43 G00 Z5.0 H01；

$Z_{实际坐标}=Z_{目标点坐标}+\text{H}$ 中的长度值 $=(5+113.884)\text{mm}=118.884\text{mm}$，其结果如图 6-8 所示。相当于 C 点距离 Z0 面为 118.884mm，而刀具刀尖定位于工件顶面 A 处。

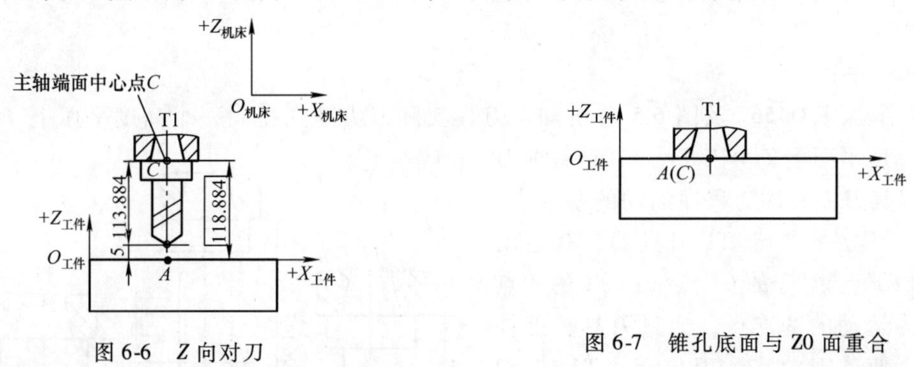

图 6-6　Z 向对刀

图 6-7　锥孔底面与 Z0 面重合

说明：这里的 X、Z 带有工件及机床字样，是为了说明对刀之后的 X、Z 数据的含义，以前所用的 X、Z 指的是工件坐标。

依此类推，多把刀具应用于某一工件加工时，例如已知：T1 刀长为 113.884mm，T2 刀长为 196.147mm，T3 刀长为 88.8mm。在编制程序时要把这些不同长度的刀建立在同一高度的起点上，如图 6-9 所示，把刀具停止到 $Z=100\text{mm}$ 处。解决办法：对刀仪测量各把刀具长度，分别输入到 H01、H02、H03 中，即把 113.884mm 输入到 H01 中，把 196.147mm 输入到 H02 中，把 88.8mm 输入到 H03 中。之后，用某一把刀对刀，例如用 T1 刀对刀，把对完刀之后的机床 Z 坐标值与 T1 刀长度值相加，即 $Z=-(420.027+113.884)\text{mm}=-533.911\text{mm}$，把 -533.911mm 输入到 G54 的 Z 中，即设定了工件坐标系。如图 6-9 所示，其加工中心程序如 O0011 所示。

O0011；

……

G54；

……

T1 M06;

G43 G00 Z100.0 H01;　　　　（$Z_{实际坐标}$ =（100+0）mm=100mm）

……

G49 ……;

……

T2 M06;

G43 G00 Z100.0 H02;　　　　（$Z_{实际坐标}$ =（100+196.147）mm=296.147mm）

……

G49 ……;

……

T3 M06;

G43 G00 Z100.0 H03;　　　　（$Z_{实际坐标}$ =（100+88.8）mm=188.8mm）

……

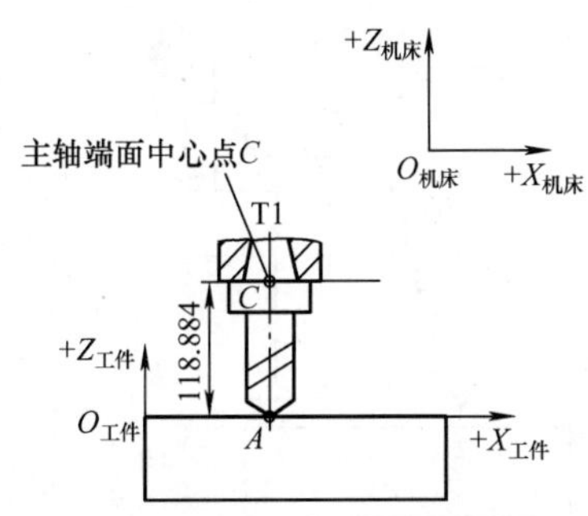

图 6-8　G43 G00 Z5.0 H01 执行结果

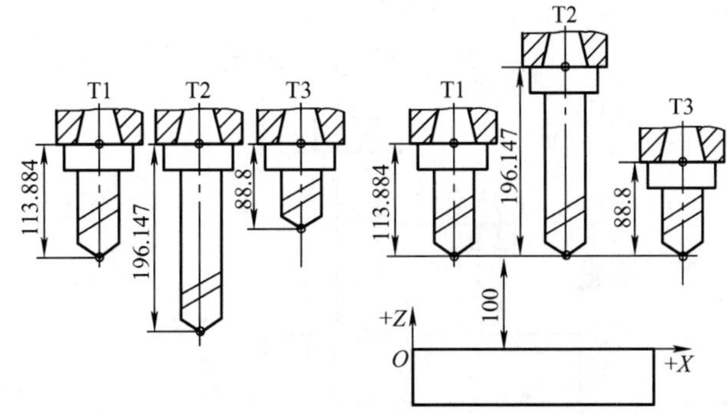

图 6-9　多把刀具长度补偿情况

6.4.3　刀具的机床坐标 Z 值补偿方式

把刀具对刀之后的机床坐标 Z 值记录下来，并把此坐标值作为刀具长度补偿值，进行刀具长度补偿。

1. 基本原理与方法

首先，记录下每把刀具对刀之后的机床坐标 Z 值，并把该值输入到刀具长度补偿代码 H 指定的地址中。其次，把设定工件坐标系指令 G54（或 G55、G56 等）中的 Z 值设为 0。

2. 举例

如图 6-10 所示，T1、T2 刀对完刀之后，屏幕上显示的机床 Z 坐标值分别为 -420.027mm、-350mm（即主轴端面锥孔底面 C、B 点的机床坐标分别为 -420.027mm、-350mm），并分别把 -420.027mm、-350mm 置入到 H1、H2 中。再把 G54 中的 Z 设置为 0，相当于把机床坐标系零点设置为工件坐标系零点。该方法实质是以机床坐标为参照进行单位换算，$Z_{实际坐标}$ 为机床坐标值。

加工中心简要程序如下所示：

……

G54；

……

T1 M06；

……

G43 G00 Z5.0 H01；（$Z_{实际坐标}=Z_{目标点坐标}$ + H 中的长度值 = ［5 + （ − 420.027）］ mm = − 415.027mm）

……

G49；

……

T2 M06；

G43 G00 Z5.0 H02；（$Z_{实际坐标}=Z_{目标点坐标}$ + H 中的长度值 = ［5 + （ − 350） = − 345）］mm）

……

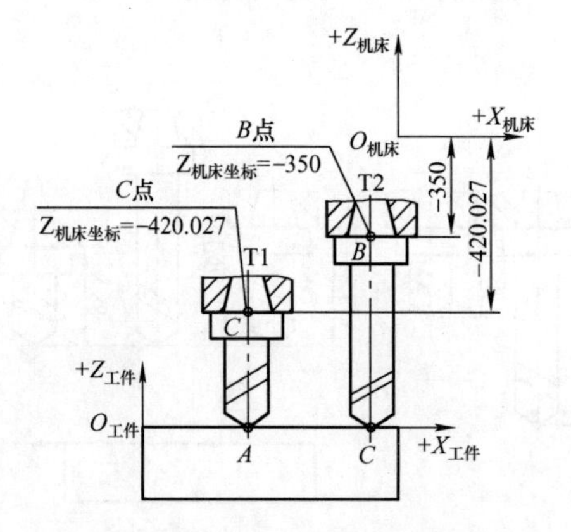

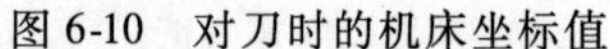
图 6-10　对刀时的机床坐标值

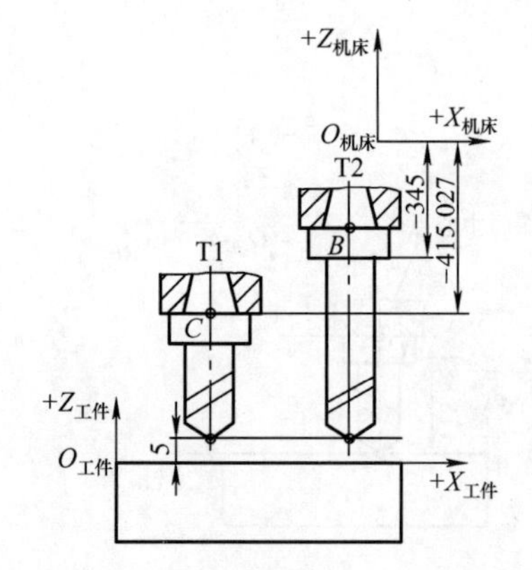

图 6-11　执行刀具长度补偿之后的结果

注意：此时计算的 Z 值是机床坐标值，而非前面两种方式的工件坐标值。

6.5　有关刀具长度补偿指令应用的说明

刀具长度补偿应用的三种方式不但对加工中心程序编制有效，对数控铣床程序编制也有效。例如前面的 O4567 可以改为数控铣床程序：

O4568；

……

G54；

……

G43 G00 Z100.0 H01；（T1）

……

G49 ……；

……

O4569；

```
……
G54;
……
G43 G00 Z100 H01; (T2)
……
G49 ……;
O4570;
……
G54;
……
G43 G00 Z100.0 H01; (T3)
……
G49 ……;
```

第 7 章　数控加工中心程序编制

7.1　本章学习重点

掌握数控加工中心与数控铣床的主要区别；理解与掌握数控加工中心的换刀过程；能编制数控加工中心程序。

7.2　案例导入

如图 7-1 所示，该模板零件有孔、平面、轮廓等要素要加工。各要素的加工及使用刀具的信息如下：轮廓（用 ϕ10mm 立铣刀）、ϕ55H7mm 孔（用粗、精加工镗刀各一把）、2 × ϕ14mm 孔（用中心钻、钻头、扩孔刀、铰刀）、2 × M16 螺纹孔（用钻头、丝锥）等，总计约需要 9 把刀。用如此多的刀具加工此件，如在数控铣床上进行加工，则人工换刀时间会影响加工效率及加工精度。此时，可考虑在数控加工中心上进行加工，因为加工中心有刀库及自动换刀装置。

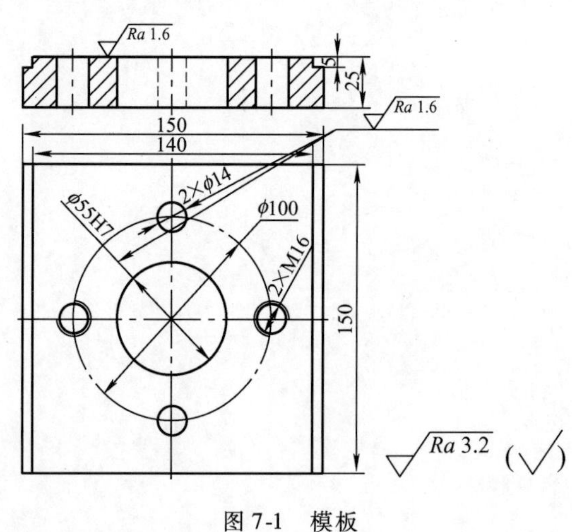

图 7-1　模板

7.3　数控加工中心

1. 数控加工中心与数控铣床的比较

1）数控加工中心硬件上最大的特点是具有刀库和换刀装置。

2）硬件上的区别决定了加工中心能进行自动换刀操作，因而能连续地对一次安装的工件进行铣、钻、攻螺纹及镗等多工序的加工。

3）从程序构成上看，一般情况下，一个加工中心程序中可以涉及多把刀具，一个数控铣床程序只能涉及一把刀具。当然，不排除一个加工中心程序对应一把刀具，一个数控铣床程序中涉及多把刀具的情况。

2. 数控加工中心分类

数控加工中心按主轴形式分为立式、卧式和立卧式。

立式加工中心主轴是垂直布置的，主要用于 *Z* 轴方向尺寸相对较小零件的加工。

卧式加工中心主轴是水平布置的，一般具有回转工件台，适应于箱体类零件的加工，一次装夹可对箱体的四个面进行铣、钻等加工。

本章以立式加工中心为例进行编程分析。

3. 数控加工中心的换刀过程

数控加工中心的换刀过程主要由选刀和换刀两个动作组成。

选刀：把将要用的刀具移到换刀位置，为换刀做准备。

换刀：把主轴上用过的刀具取下，将选好的刀具安装到主轴上。

（1）换刀时应注意的问题

1）换刀动作必须在主轴停转的前提下进行。换刀完毕且主轴起动之后方可进行下面的程序段加工。

2）一般情况，选刀在换刀之前进行，但为了节省时间，可以在加工中心切削过程中选刀。

3）换刀点：一般立式加工中心的换刀点在 *Z* 轴零点处，即参考点处。所以在换刀时一般用 G28 指令使主轴回参考点。有的加工中心选刀、换刀指令中有回参考点功能。

（2）换刀方式

1）方式 1：某一部分加工完成之后，先选刀再换刀。

N0100……；

N0105　G91　G28　Z0；(使主轴刀具先在 *Z* 向移到参考点)

N0110　T02　M06；(先选刀 T02，选完刀之后再用 M06 指令换刀。如选刀耗时 5s，换刀耗时 5s，总耗时 10s)

N0115 ……；

不足：占机时间长，选刀与换刀时间总计为 10s。

2）方式 2：在加工的过程中选刀。

……

N0100　T01　M06；

……

N0200　G01　Z－20.0　T02；(在用 T01 刀进行加工时，选 T02 刀，选刀耗时在加工耗时内)

……

N0500 ……；

N0600　G28　Z0　M06；(把 T02 刀换到主轴上，换刀耗时 5s)

N0700　G01　Z－90.0　T03；

N0800 ……；

优点：占机时间短，选刀所用时间在加工耗时内，只是用了换刀时间。

除选刀及换刀程序之外，加工中心的编程方法和普通数控铣床相同。

4. 数控加工中心编程举例

数控加工中心程序编制方法与数控铣床最大的不同，是加工中心可以把需要用到的多把刀（在刀库容量允许的情况下）编写在一个程序中，而数控铣床一般是以刀具为单位编写程序。

（1）端盖的加工工艺　该零件毛坯如图 7-2 所示，零件图如图 7-3 所示。图 7-4 为顶面粗、精加工的刀具路径。加工端盖的工序单见表 7-1。

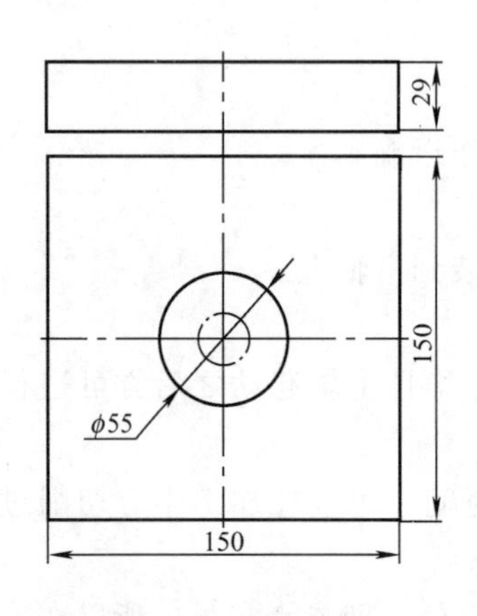

图 7-2　端盖毛坯

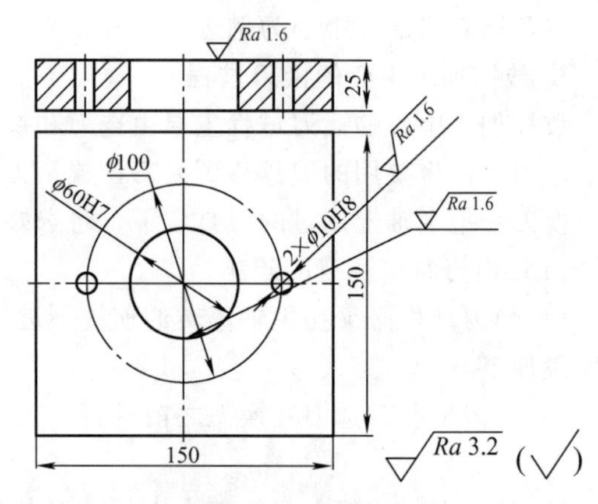

图 7-3　端盖零件图

表 7-1　端盖的工序单

序号	工序内容	刀具			切削用量		
		T码	规格/mm	刀长补值(H)	主轴转速/(r/min)	进给速度/(mm/min)	背吃刀量/mm
1	粗铣顶面，留 0.5mm 余量	T1	φ100 面铣刀	H01	300	70	3.5
2	精铣顶面至尺寸	T1	φ100 面铣刀	H01	350	50	0.5
3	粗镗 φ60H7 孔至 φ58mm	T2	镗刀	H02	400	60	1.5
4	半精镗 φ60H7 孔至 φ59.8mm	T3	镗刀	H03	450	50	0.9
5	精镗 φ60H7 孔至尺寸	T4	镗刀	H04	500	40	0.1
6	钻 2×φ10H8 中心孔	T5	φ3 中心钻	H05	1200	60	1.5
7	钻 2×φ10H8 至 φ8mm	T6	φ8 钻头	H06	600	60	4
8	扩 2×φ10H8 至 φ9.8mm	T7	φ9.8 扩孔钻	H07	400	50	0.9
9	铰 2×φ10H8 至尺寸	T8	φ10H8 铰刀	H08	100	30	0.1

（2）数控加工中心程序　数控加工中心程序如程序 O0003 所示。

O0003；

G54；

（顶面粗加工）

N0102　G91　G28　Z0；

N0104　T01　M06；

N0106　M03　S300；

N0108　G43　G00　Z20.0　H01；

```
N0110  G90  G00  X130.0  Y-37.5; (1)
N0112  Z-3.5;
N0114  G01  X-130.0  F50.0; (2)
N0116  G00  Y37.5; (3)
N0118  G01  X135.0; (4)
N0120  G00  Z5.0;
N0122  M05;
（顶面精加工）
N0124  M03  S350;
N0126  G00  X135.0  Y-37.5; (1)
N0128  Z-4.0;
N0130  G01  X-130.0  F70.0; (2)
N0132  G00  Y37.5; (3)
N0134  G01  X135.0; (4)
N1336  G80  G91  G28  G49  Z0  M05;
（φ60H7 孔粗镗）
N0205  T02  M06  M03  S400;
N0210  G90  G00  X0  Y0;
N0215  G43  G00  Z5  H02;
N0220  G98  G85  Z-30.0  R5  F60;
N0225  G80  G91  G28  G49  Z0  M05;
（φ60H7 孔半精镗）
N0305  T03  M06  M03  S450;
N0310  G90  G00  X0  Y0;
N0315  G43  G00  Z5.0  H03;
N0320  G98  G85  Z-30.0  R5.0  F50.0;
N0325  G80  G91  G28  G49  Z0  M05;
（φ60H7 孔精镗）
N0405  T04  M06  S500  M03;
N0408  G90  G43  G00  Z5.0  H04;
N0410  G90  G98  G76  Z-30.0  R5.0  Q0.2  F40.0;
N0415  G80  G91  G28  G49  Z0  M05;
（钻 2×φ10H8 中心孔）
N0505  T05  M06  M03  S1200;
N0502  G90  G43  G00  Z5  H05;
N0515  G99  G81  X50.0  Y0  Z-2.0  R5.0  F60.0;
N0520  X-50.0;
N0525  G80  G91  G28  G49  Z0  M05;
（钻 2×φ10H8 孔至 φ8mm）
```

```
N0605  T0606  M06  M03  S600;
N0610  G90  G43  G00  Z5.0  H06;
N0615  G99  G81  X50.0  Y0  Z-35.0  R5.0  F60.0;
N0620  X-50.0;
N0625  G80  G91  G28  G49  Z0  M05;
(扩2×φ10H8孔至φ9.8mm)
N0705  G90  T07  M06  S400  M03;
N0810  G43  G00  Z5.0  H07;
N0710  G99  G81  X50.0  Y0  Z-35.0  R5.0  F50.0;
N0715  X-50.0;
N0720  G80  G91  G28  G49  Z0  M05;
(铰2×φ10H8孔至尺寸)
N0805  T08  M06  S100  M03;
N0810  G90  G43  G00  Z5.0  H08;
N0815  G99  G82  X50.0  Y0  Z-35.0  R5.0  P200  F30.0;
N0820  X-50.0;
N0825  G49  G80  G91  G28  Z0  M05;
N1223  M05;
N1225  M30;
```

小结：由程序O0003分析知，加工中心程序利用加工中心具有刀库与换刀装置的特点，程序控制自动换刀。工件在一次装夹的条件下，能实现多工序加工。每个工序的换刀动作不用人工操作，工件装夹次数少，减少了二次安装误差。

（3）数控铣床程序　数控铣床程序也可以在加工中心机床上运行（只要系统类型相同），相当于不利用数控加工中心的刀库与换刀装置，把数控加工中心当做数控铣床使用。

另外，数控铣床程序可使用刀具长度补偿指令。不使用刀具长度补偿指令时，需要把使用的刀具对刀设定。

把O0003程序中的顶面粗加工及2×φ10H8mm铰削加工程序变成数控铣床程序，分别如下：

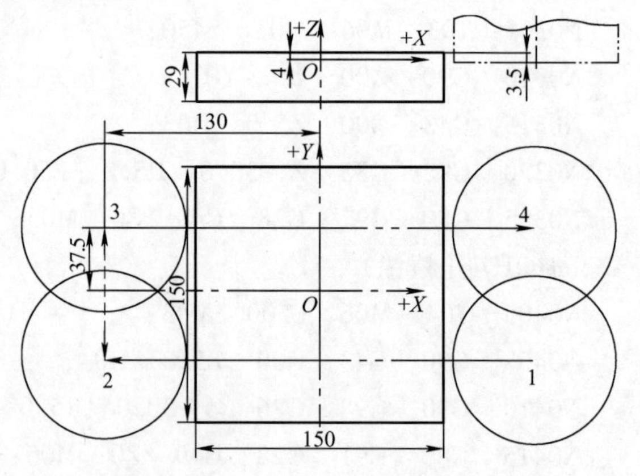

图7-4　顶面粗、精加工刀具路径示意图

```
(顶面粗加工)
O0011;
G54;
N0102  G91  G28  Z0;
N0106  M03  S300;
N0108  G43  G00  Z20.0  H01;
```

```
(铰2×φ10H8mm孔至尺寸)
O0022;
G54;
N0102  G91  G28  Z0;
N0805  S100  M03;
N0810  G90  G43  G00  Z5.0  H08;
```

```
N0110  G90  G00  X130.0  Y-37.5;(1)
N0112  Z-3.5;
N0114  G01  X-130.0  F70.0;(2)
N0116  G00  Y37.5;(3)
N0118  G01  X135.0;(4)
N0120  G49  G00  Z5.0;
N0122  M05;
M30;
N0815  G99  G82  X50.0  Y0  Z-35.0  R5.0  P200  F30.0;
N0820  X-50.0;
N0825  G49  G80  G91  G28  Z0  M05;
N1223  M05;
N1225  M30;
```

7.4 数控铣削加工程序编制的几点说明

1）当一个被加工工件在数控铣床上加工时，如用多把刀具对此工件进行加工，一般情况下，一把刀具对应一个程序，也可以多把刀具对应一个程序。这两种方法各有特点，请读者思考。

2）有时，可能用多把刀具加工一个工件，但只用一个程序，此时多数情况下是重复加工相同部位，可通过改变 *Z* 坐标值或用 G43/G44 指令实现。例如，图 7-5 的#1、#2、#3、#4、#5、#6 孔加工，先用中心钻钻削中心孔，再用钻头钻削通孔，程序如 O5555 所示。

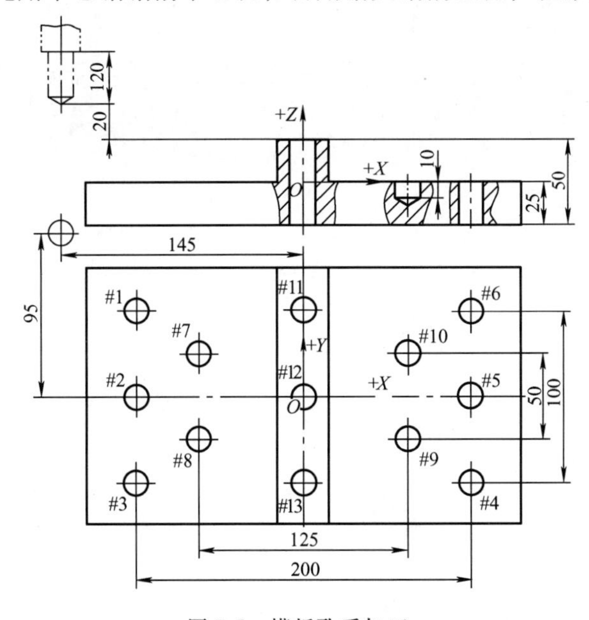

图 7-5　模板孔系加工

```
O5555;
G54  G00  Z100.0;
M03  S600;
N0010  G99  G81  X-100.0  Y50.0  Z-2.0(Z-30.0)R33.0  F30.0;        (#1)
```

N0015　Y0；　(#2)
N0020　G98　Y－50.0；　(#3)
N0025　G99　X100.0　Y－50.0；　(#4)
N0030　Y0；　(#5)
N0035　G98　Y50.0；　(#6)
N0040　G80　G00　Z100.0；
M05；
M30；

说明：人工换装中心钻刀具，对完刀且 G54 设置好之后，钻中心孔，其深为 2mm，坐标值为 Z－2.0；钻中心孔执行结束之后，人工换装钻头，Z 向对刀且 G54 中的 Z 设置好之后，钻通孔，坐标值为 Z－30.0。因此，改变 Z 值与 G54 中的 Z 值就可实现用不同刀具加工同一部位的要求。

3）数控铣床上一个程序中含有多把刀具的程序格式。

O****；
G54；
G43　Z**　H**；
……
……
G49　G00　Z**；
M05；
M00；（程序暂停，人工更换刀具，刀具换完之后，按循环启动按钮继续运行程序）
G43　Z**　H**；
……
……
G49　G00　Z**；
M05；
M00；（程序暂停，人工更换刀具）
G43　Z**　H**；
……
G49　G00　Z**；
G00　Z**；
M05；
M30；

在数控铣床程序中，一般不建议采用此方式编程。

第 8 章　宏程序编程基础

8.1　本章学习重点

掌握宏程序指令的应用方法，能应用循环及转移语句编写宏程序；了解用户宏程序功能 A 和用户宏程序功能 B 两种用户宏程序的基本使用方法。

8.2　案例导入

1. 案例

案例 1：如图 8-1 所示的轮廓加工，刀具 *Z* 向切削每次的背吃刀量为 4mm，需要 5 次切削才能完成。如果采用常规的数控编程方法，轮廓加工部分的代码需要编写 5 次，程序编写量较大。

案例 2：在立式数控铣床上加工曲面时，刀具除了在 *XY* 平面内作插补运动外，还要在 *Z* 向细化若干个步距（通常为 0.01 ~ 0.03mm），以生成曲面。此时，如采用常规的数控编程方法，每一个 *Z* 向步距都需要计算该 *Z* 向层面的多个点的位置坐标，造成程序编写量大且复杂。

解决上述问题的思路：在程序中使用变量，用一定的语言格式，控制 *X*、*Y*、*Z* 坐标值，以达到简化程序的目的。宏程序是实现该思路的方法之一。

2. 宏程序引言

宏程序与普通程序相比有以下区别：普通程序只能使用常量编程，常量之间不能运算，程序只能顺序执行；宏程序可以使用变量编程，变量之间可以运算，程序不一定顺序执行。宏程序可以精简程序，较 CAD/CAM 软件生成的较长程序有优势；在工件加工精度上较 CAD/CAM 软件有一定的长处；可以编写椭圆、双曲线、抛物线的程序等。

FANUC 0i 系统提供了用户宏程序功能 A 和用户宏程序功能 B 两种用户宏程序。实际使用时，一般不用用户宏程序功能 A，因为其数学运算及逻辑运算等需要用专门的语句来表达，极不方便。这两种宏程序的变量、转移和循环表达方式基本一样，不一样的是赋值方式及自变量赋值等。两种用户宏程序的运行效果是一样的，用户宏程序功能 B 是常使用的，本章将其作为重点讲述。

8.3　宏程序基础理论

1. 变量

普通数控加工程序用数值指定移动距离和进给速度，例如，G01　X50.0　F120.0。使用用户宏程序时，数值可以直接指定或用变量指定，例如，G01　X#1　F#2，其中#1 = 50.0，#2 = 120.0。

（1）变量的表示　用户宏程序的变量需要使用专用的变量符号（#）和后面的变量号（数字1、2、3等）来表示，例如，#22。变量号可以是表达式，使用时需要把表达式用“[ ]”包围，如#[#1+12-#2]。

（2）变量类型　变量根据变量号分为四种类型，见表8-1。

表8-1　FANUC 0i系统的变量类型

变量号	变量类型	功能
#0	空变量	该变量为空，不能有值赋给该变量
#1～#33	局部变量	只能在宏程序中存储数据。系统断电时，局部变量被初始化为空，使用宏程序时，自变量再对局部变量赋值
#100～#199 #500～#999	公共变量	该变量在不同的宏程序中的意义相同。系统断电时，变量#100～#199初始化为空，#500～#999的原有数据不丢失
#1000～	系统变量	该变量用于读写计算机数控系统中的各种数据

对于使用用户宏程序的编程者来说，局部变量是常使用的一种变量类型。

（3）变量赋值时小数点的使用　给变量赋值时，整数值的小数点可以省略，例如，#12=35.00，可写为#12=35，但#12=45.6就不能省小数点。

（4）变量的引用　当表达式指定变量时，要把表达式放在方括号里，例如，G00　X[#11-1]。

被引用的变量值根据系统的最小设定单位自动地舍入。例如，以1/1000单位执行时，执行G00　X#12，其中#12=12.334455，实际G00　X12.334。

使用负号（-）时，要把其放在#的前面，例如，G00　X-#12。

2. 系统变量

系统变量用于读写计算机数控系统中的各种数据，例如，刀具偏置值和其当前位置数据等。系统变量的使用方法在开发时就已固定，某些系统变量只能进行读操作，不能进行写操作。系统变量是自动控制和通用程序开发的基础，作为一种接口存在，供开发者使用。要使用系统变量时，要参照数控系统查阅其使用规定，此处不再详细介绍。

3. 算术和逻辑运算

（1）算术运算符与函数　算术运算符与函数有：加法（+）、减法（-）、乘法（*）、除法（/）、正弦（sin）、余弦（cos）、正切（tan）、平方根（sqrt）、绝对值（abs）等，其组成的表达式的运算结果为一个数值。

表8-2中列出的运算可以在变量中执行，运算符右边的表达式可以包括常量或由函数或运算符组成的变量。表达式中的变量#j和#k可以被赋值，左边的变量也可以用表达式赋值。

表8-2　算术和逻辑运算

功能	格式	备注
定义、赋值	#i=#j	
加法	#i=#j+#k	
减法	#i=#j-#k	
乘法	#i=#j*#k	
除法	#i=#j/#k	

（续）

功能	格式	备注
正弦	#i = SIN [#j]	以度为指定运算单位
反正弦	#i = ASIN [#j]	
余弦	#i = COS [#j]	
反余弦	#i = ACOS [#j]	
正切	#i = TAN [#j]	
反正切	#i = ATAN [#J]	
平方根	#i = SQRT [#j]	
绝对值	#i = ABS [#j]	
或	#i = #j OR #K	
异或	#i = #j XOR #K	
与	#i = #j AND #K	

几点说明：

运算次序：函数⟶乘和除运算⟶加和减运算。例如，#11 = #22 + #33 * SIN [#44]，第一运算次序为 SIN [#44]，第二运算次序为#33 * SIN [#44]，第三运算次序为#22 + #33 * SIN [#44]。

用“[]”可以改变运算次序，即最里层的“[]”优先运算，依此类推。

（2）条件运算符　条件运算符有：EQ、NE、GT、GE、LT、LE，其组成的表达式运算结果为“真（成立）”或“假（不成立）”。表 8-3 中列出了其表达的含义。

表 8-3　条件运算符表

条件运算符	含义	条件运算符	含义
EQ	等于（=）	GE	大于或等于（≥）
NE	不等于（≠）	LT	小于（<）
GT	大于（>）	LE	小于或等于（≤）

（3）逻辑运算符　逻辑运算符有：AND、OR、XOR，其组成的表达式运算结果为“真（成立）”或“假（不成立）”。表 8-4 中列出了其表达的含义。

表 8-4　逻辑运算符

条件运算符	含义
AND	与
OR	或
XOR	异或

8.4　关于赋值和变量

赋值是指把一个数据赋予一个变量，如#11 = 150，则表示#11 的值是 150，或者说把 150 赋予变量#11，这里的“=”号是赋值符号。

赋值的含义：

赋值号“=”两边的内容不能随意互换，左边只能是变量，右边是表达式或数值或变量。

一个赋值语句只能给一个变量赋值，也可给多个变量赋值，但新变量值要取代原变量值。

赋值语句的一般表达形式为：变量=表达式。

表8-5列出了几个用户宏程序功能A和用户宏程序功能B的典型语句，从中也说明了用户宏程序功能A编程的麻烦性。

表8-5　用户宏程序功能A和用户宏程序功能B的典型语句

类别	用户宏程序功能A编程格式	用户宏程序功能B编程格式
变量的定义和替换 #i=#j	G65　H01　P#i Q#j	#i=#j
加法 #i=#j+#k	G65　H02　P#i Q#j　R#k	#i=#j+#k
减法 #i=#j-#k	G65　H03　P#i Q#j　R#k	#i=#j-#k
正弦函数 #i=#j*SIN（#k）	G65　H31　P#i Q#j　R#k	#i=#j*SIN（#k）

8.5　转移和循环

转移和循环指令是宏程序的两个重要语法，多数程序需要用这两种语法编程。

1. 无条件转移

（1）编程格式

GOTO N；

（2）功能　程序执行到GOTO程序段时，自动转移到标有顺序号为N的程序段，顺序号N及GOTO N程序段之间的程序段不执行。

（3）举例　无条件转移的程序结构如下：

```
……
GOTO 1000;
……
……
N1000 ……;
……
```

执行到GOTO 1000程序段时，直接跳到N1000程序段，开始执行N1000程序段及其后面的程序段。GOTO 1000与N1000之间的程序段不执行。

2. 条件转移

（1）编程格式1

1）格式：IF［<条件表达式>］GOTO N；

2）功能：当条件表达式成立时，转移到标有顺序号N的程序段往下执行。如果条件表达式不成立时，顺序执行下面的程序段。

3）举例：

……

IF [#11 GT 100] GOTO 1010；

……

N1010 ……；

……

如果#11 > 100 成立（或为“真”），则转移到 N1010 程序段开始往下执行；如果#11 > 100 不成立（即#11 ≤ 100），则执行 IF 与 N1010 之间的程序段（不包括 IF 及 N1010 程序段）。

（2）编程格式 2

1）格式：IF [<条件表达式>] THEN [<表达式>]；

2）功能：当条件表达式成立时，执行表达式指定的内容，之后再执行 IF 之后的程序段。当条件表达式不成立时，不执行表达式的内容，继续执行 IF 之后的程序段。

3）举例

……

IF [#11 LT #22] THEN #33 = 10；

……

3. 循环

（1）编程格式

WHILE [<条件表达式>] DO m；

……

END m；

（2）功能　当条件表达式成立时，反复执行 DO 到 END 之间的程序段。具体过程是当执行到 END 语句后，返回到 WHILE 语句，判断条件表达式是否成立，如成立，则继续执行，否则，转移到 END 之后的程序段。m 限定在 1，2，3 标号，如果使用了其他标号，系统出错。

4. 条件与循环嵌套的说明

一个程序中可以多次使用循环语句，其可以并行或嵌套；一个程序中也可以有循环与转移语句。基本一条要求是循环与循环之间不能交叉，从循环内可以向外跳，不能从循环外向循环内跳。基本格式如下：

（1）循环的并行使用格式

……

WHILE [<条件表达式>] DO 1

……

END 1

……

```
WHILE [ <条件表达式> ] DO 2
……
END 2
……
WHILE [ <条件表达式> ] DO 3
……
END 3
……
```

(2) 循环的嵌套使用格式

```
……
WHILE [ <条件表达式> ] DO 1
……
    WHILE [ <条件表达式> ] DO 2
    ……
        WHILE [ <条件表达式> ] DO 3
        ……
                        END 3
                        ……
                END 2
                ……
            END 1
            ……
```

注意：最多3重嵌套。

(3) 条件转移可以跳出循环外边的格式

```
……
WHILE [ <条件表达式> ] DO   m
……
    IF [#11   GT 100 ]    GOTO 1000;
    ……
    ……
END   m;
……
N1000 ……
……
```

注意：在循环内跳转是可以的。

(4) 不正确的使用格式

循环交叉：

……

```
WHILE [ <条件表达式> ] DO 1
……
        WHILE [ <条件表达式> ] DO 2
        ……
                WHILE [ <条件表达式> ] DO 3
                ……
                END 3;
                ……
            END 1;
            ……
END 2;
……
```

说明：本例 DO 1 与 DO 2 交叉。

从循环外向循环内跳转：

```
……
IF [#11   GT 100 ] GOTO 1000;
……
WHILE [ <条件表达式> ] DO   m
……
N1000 ……
END   m;
……
```

说明：本例 GOTO 1000 是从循环外跳转到循环内。

8.6 宏程序案例

1. 轮廓切削

如图 8-1 所示，用 ϕ20mm 立铣刀加工工件轮廓，工件轮廓在 *XY* 平面内一刀切削即可完成，在 *Z* 向需要分 5 次进给（每次背吃刀量 4mm）才能切削完成。

如果不用宏程序编制，需要编制一个主程序和一个子程序，主程序分 Z-4.0、Z-8.0、Z-12.0、Z-16.0、Z-20.0 共 5 种情况，去调用子程序；子程序是工件轮廓加工的程序，其结构如程序 O2233 所示。存在的问题是主程序的 Z 值太多，造成程序过长，可读性不佳，解决的方法是采用宏程序。

宏程序要解决的问题是把 Z-4.0、-8.0、-12.0、-16.0、-20.0 几种情况用一个表达式表示，即找到一个有规律的数学模型，这模型是循环 5 次，每次变化值是 4。此时，循环及累加求和表达方式可满足要求，程序见 O5566。

```
O2233;                              O2255;
''''''
Z-4.0;                              (轮廓程序)
```

```
M98  P2255;                         M99;
Z-8.0;
M98  P2255;
Z-12.0;
M98  P2255;
Z-16.0;
M98  P2255;
Z-20.0;
M98  P2255;
……
M30;
```

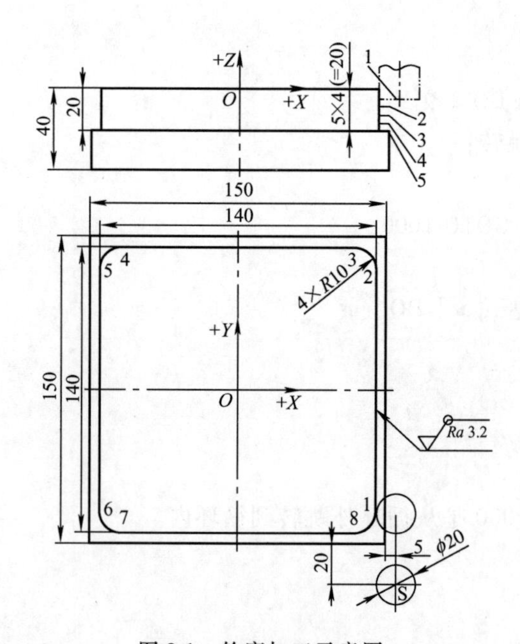

图 8-1 轮廓加工示意图

```
O5566;
G91  G28  Z0;
G90  G54  G00  X80.0  Y-95.0;
#11=1;
#12=4;
WHILE [#11 LE 4] DO 1
    G00  Z[-#12];
    G42  G01  X70.0  Y-60.0  D01  F100.0;          (1)
              Y60.0;                               (2)
    G03  X60.0  Y70.0  R10.0;                      (3)
    G01  X-60.0;                                   (4)
    G03  X-70.0  Y60.0  R10.0;                     (5)
    G01  Y-60.0;                                   (6)
```

```
    G03   X-60.0   Y-70.0   R10.0;                    (7)
    G01   X60.0;                                      (8)
    G03   X60.0   Y-60.0   R10.0;                     (1)
    #12 = #12 + 4;
    #11 = #11 + 1;
END 1;
G40   G00   Z100.0;
M05;
M30;
```

程序解读：

#11 是用于计数的，初始值为 1，#11 = #11 + 1 是计数器。#12 是用于求和的，#12 = #12 + 4 是累加器。

每执行一次循环，都要修正#11 和#12 这两个参数，之后再判断#11 是否小于或等于 4，以判断是否再继续运行程序。

#11 和#12 的每次变化值见表 8-6。

表 8-6 #11 和#12 的每次变化值

序号	#11	#12	执行情况
初值	1	4	执行 WHILE 之前的语句
1	2	8	执行 WHILE 与 END1 之间的语句
2	3	12	执行 WHILE 与 END1 之间的语句
3	4	16	执行 WHILE 与 END1 之间的语句
4	5	20	执行 WHILE 与 END1 之间的语句
5			执行 END1 之后的语句

2. 圆弧曲面加工

如图 8-2 所示，圆弧曲面粗加工之后余量为 0.5mm。要求，精加工 *R*208.5mm 曲面，达到图样要求。

分析：用 ϕ8mm 球头立铣刀精加工；工件坐标系及辅助点的计算如图 8-3 所示。*A* 及 *C* 点为 *R*208.5mm 弧的延长线与距中心线 56mm 线段的交点，也是中心线的对称点，以 *A*、*C* 点为刀具加工弧的起始点与终点。圆弧位于 *YZ* 面，用 G18 进行平面选择；*XY* 平面内刀具 *X* 向的行距为 0.01mm，即每次以 0.01mm 为步进值，当累加超过 800mm 时，停止弧面加工。圆弧采取单向加工方法，即每次圆弧面加工起点在过 *A* 点平行于中心线的直线上。

综上所述，宏程序使用基本语句为求和累加及条件转移，程序见 O0010。

```
O0010;
G91   G28   Z0;
M3   S1500;
G54   G90   G00   G40   G17   X0   Y56.0;
G43   Z100.0   H2;
G01   Z37.58   F500.0   M8;
```

```
#1 =0;                                   (定义 X 轴步进初值)
#2 =800;                                 (定义 X 轴终加工位置)
N10   G1   X#1   F2000.0;                (X 轴的纵向进给)
G18   G02   Y-56.0   Z37.58   R208.5;    (G18 平面的圆弧面加工)
#1 =#1 +0.01;                            (X 轴的递增量)
G00   Y56.0;
IF [#1LE#2]   GOTO 10;                   (如果#1 小于#2 将循环 N10 程序段)
G90   G00   Z100.0   M9;
G17;
M05;
M30;
```

小结：本程序通过条件判断（#1 LE #2），不断修正#1 值（#1 = #1 +0.01，计算 X 向的坐标值），实现一步一步地加工弧面。

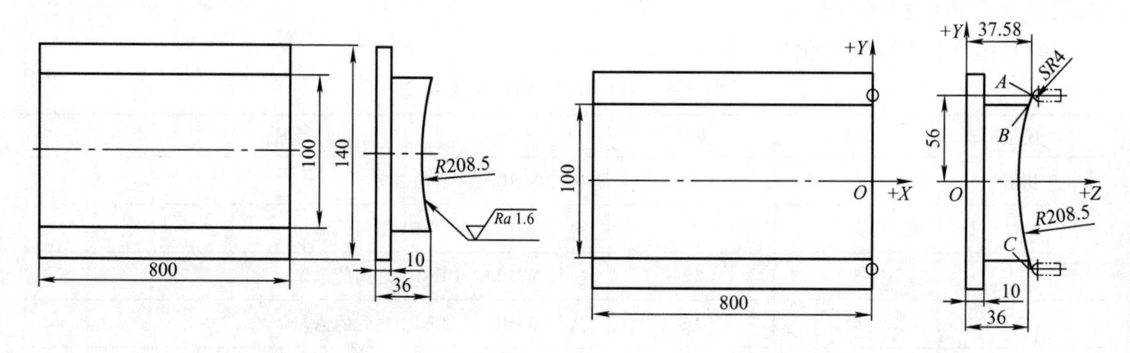

图 8-2　带圆弧曲面的零件　　　　图 8-3　坐标系及辅助点位置

3. 等距槽切削

如图 8-4b 所示为加工等距槽的刀具路径，很有规律，在不用子程序的情况下，可考虑使用宏程序编制数控加工程序。使用 WHILE 语句时的程序见 O4455。

```
O4455;
G91   G28   Z0;
G90   G54;
M03   S600;
#1 =1;                           (#1 为槽计数变量，初值设置为 1)
#2 =14;                          (刀具中心的初始 X 距离)
WHILE [#1 LE 5] DO   1 ;
G00   X[#2]   Y-8.0;             (第一次循环时，刀具位置为 1)
  Z-4.0;                         (第一次循环时，刀具位置为 1)
M08;
G01   Y78.0   F80.0;             (第一次循环时，刀具位置为 2)
G00   Z6.0;                      (第一次循环时，刀具位置为 2)
#2 =#2 +18;                      (槽与槽中心距为 18mm，也就是刀具每次 X 向的步距)
```

```
G00  X[#2]  Y-8.0;            (第一次循环时，刀具位置为3)
#1=#1+1;
END 1;
G00  Z100.0;
M09;
M05;
M30;
```

如果不使用 WHILE 语句，而使用 IF 语句，其程序如 O5566 所示。

```
O5566;
G91  G28  Z0;
G90  G54;
M03  S600;
#1=1;                         (#1为孔计数变量，初值设置为1)
#2=14;                        (刀具中心的初始X距离)
N100  G00  X[#2]  Y-8.0;      (第一次循环时，刀具位置为1)
    Z-4.0;                    (第一次循环时，刀具位置为1)
M08;
G01  Y78.0  F80.0;            (第一次循环时，刀具位置为2)
G00  Z6.0;                    (第一次循环时，刀具位置为2)
#2=#2+18;                     (槽与槽中心距为18mm，也就是刀具每次X向的步距)
G00  X[#2]  Y-8.0;            (第一次循环时，刀具位置为3)
#1=#1+1;
IF [#1 LE 5]  GOTO 100;
G00  Z100.0;
M09;
M05;
M30;
```

小结：使用 WHILE 及 IF 语句时，要注意修正计数变量（#1=#1+1）及位置变量（#2=#2+18）。

8.7 用户宏程序调用指令

宏程序的基础理论知识掌握了之后，就可以使用条件转移、循环等语句编写数控加工程序了。一般情况下，编程者都是把宏程序用于数控加工程序编制中，实际使用时，也有另外一种情况，就是应用宏程序基本编程语句编写一个完整的宏程序，供主程序中的宏调用指令去调用。

1. 主程序中调用宏程序的六种指令

1）非模态调用指令 G65；

2）模态调用指令 G66、G67；

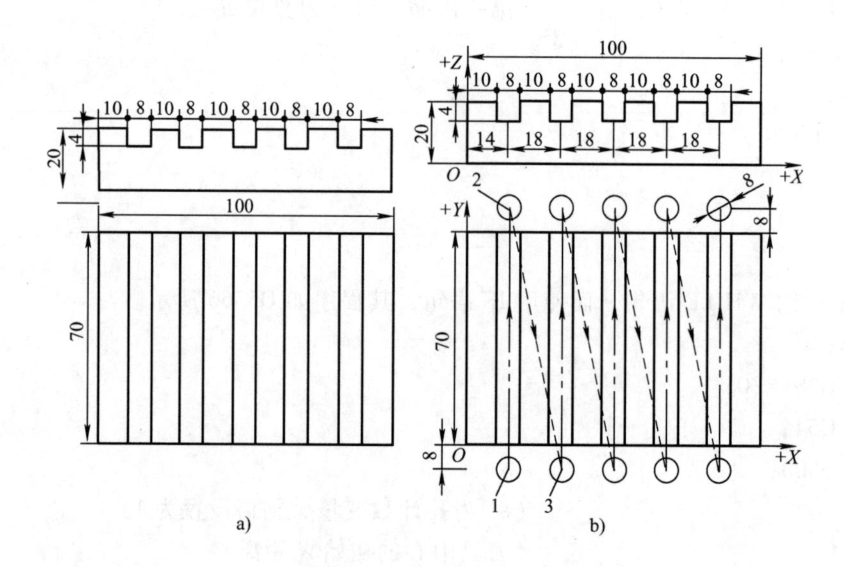

图 8-4　等距槽零件

3）用 G 代码调用宏程序（G < g >）；

4）用 M 代码调用宏程序（M < m >）；

5）用 M 代码调用子程序（M < m >或 M98）；

6）用 T 代码调用子程序。

本节只介绍 G65 这一种情况。

2. 非模态调用指令 G65

使用格式：G65　P < p > L < l > < 自变量赋值 >

其中，p 是要调用的宏程序号；l 为重复调用的次数，默认为 1 次；自变量赋值为传递到宏程序中的数据。

使用格式举例：

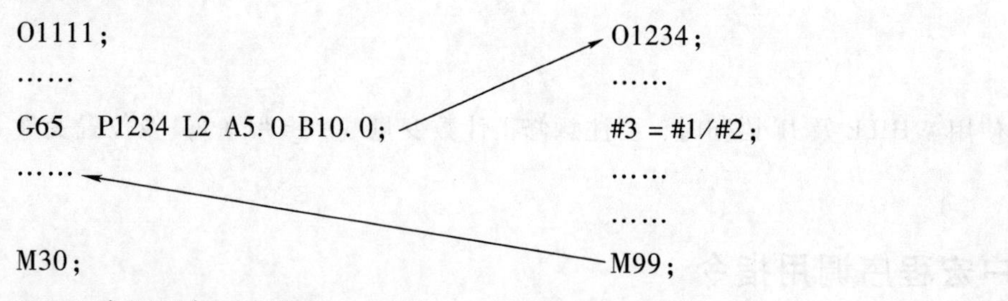

O1234 实际运行过程为#3 = 5/10。

说明：

1）自变量赋值是指给宏程序中相应的局部变量赋值，局部变量可有 33 个（#1 ~ #33）。

2）自变量赋值类型一：用英文字母后加数值进行赋值，除了 G、L、O、N、P 之外，其他的 21 个英文字母都可以给自变量赋值。每个自变量赋值一次，不赋值的字母可以省略。

3）自变量赋值类型二：与类型一相似，只用 A、B、C、I、J、K 这 6 个字母。具体用法：除了 A、B、C 之外，还有 10 组 I、J、K 来对自变量赋值，具体见表 8-7。

表 8-7　调用程序中的自变量地址与用户宏程序中的局部变量的对应关系

自变量赋值一地址	用户宏程序本体中的局部变量	自变量赋值二地址	自变量赋值一地址	用户宏程序本体中的局部变量	自变量赋值二地址
A	#1	A	S	#19	I6
B	#2	B	T	#20	J6
C	#3	C	U	#21	K6
I	#4	I1	V	#22	I7
J	#5	J1	W	#23	J7
K	#6	K1	X	#24	K7
D	#7	I2	Y	#25	I8
E	#8	J2	Z	#26	J8
F	#9	K3		#27	K8
—	#10	I3		#28	I9
H	#11	J3		#29	J9
—	#12	K3		#30	K9
M	#13	I4		#31	I10
—	#14	J4		#32	J10
—	#15	K4		#33	K10
—	#16	I5			
Q	#17	J5			
R	#18	K5			

从表 8-7 可以看出，使用自变量赋值类型二赋值给宏程序中的局部变量是一件非常麻烦的事情；另外，I、J、K 组别多、下标无法输入，因此自变量赋值类型一应用得较多，建议采用此方式。

4）要使用小数点，如 A5.0 等。

8.8　圆周孔系加工宏程序应用案例

图 8-5 所示为沿圆周均布的孔系。

1. 主程序

```
O4567;
G91  G28  Z0;
G90  G54  G00  Z10.0;
X0  Y0;
M03  S1200;
G65  P4577  X50.0  Y20.0  Z-10.0  R1.0  F150.0  A22.5  B45.0  I20.0  H8;
M30;
```

2. 自变量赋值说明

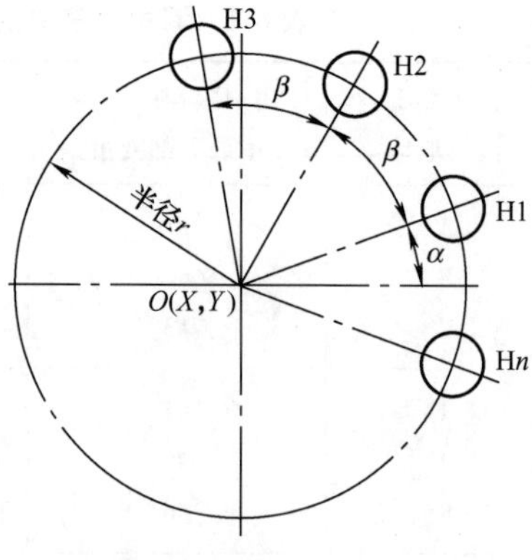

```
#1 = (A);          (第1个孔的角度)
#2 = (B);          (各孔间角度间隔)
#4 = (I) ;         (孔位圆周半径)
#9 = (F) ;         (切削进给速度)
#11 = (H) ;        (孔数量)
#18 = (R) ;        (循环指令中的 R 点值)
#24 = (X) ;        (圆心 X 坐标)
#25 = (Y) ;        (圆心 Y 坐标)
#26 = (Z) ;        (圆心 Z 坐标)
```

图 8-5　沿圆周均布的孔系

3. 宏程序

```
O4577;
#3 = 1;                                   (孔序号计数值 1)
WHILE [#3 LE #11] DO 1 ;                  (如果#3 小于或等于 11(孔数量)
#5 = #1 + [#3 - 1] * #2 ;                 (第#3 个孔对应的角度)
#6 = #24 + #4 * COS[#5] ;                 (第#3 个孔中心的 X 坐标)
#7 = #25 + #4 * SIN[#5] ;                 (第#3 个孔中心的 Y 坐标)
G98  G81  X#6  Y#7  Z#26  R#1  F#9 ;      (第#3 个孔加工)
#3 = #3 + 1 ;                             (孔序号计数递增 1)
END1 ;                                    (循环 1 结束)
G80 ;                                     (取消固定循环)
M99 ;                                     (宏程序结束返回到主程序)
```

第 9 章　典型零件的数控铣削程序编制

9.1　端盖零件数控铣床加工案例

端盖零件图如图 9-1 所示。毛坯尺寸为 180mm × 120mm × 45mm，材料为 HT200。使用数控铣床对此毛坯进行加工，达到如图 9-1b 所示的结果。

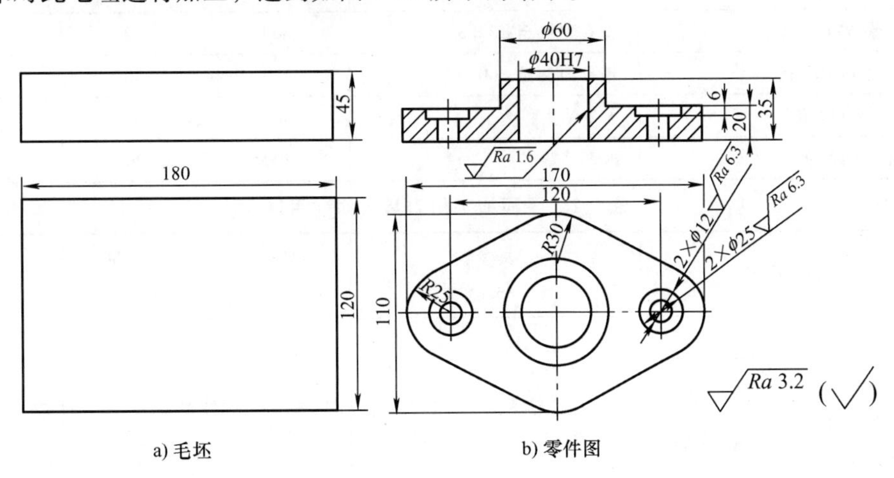

图 9-1　端盖零件图

9.1.1　工艺分析

1. 零件图分析

该零件材料为 HT200，毛坯尺寸为 180mm × 120mm × 45mm，主要由平面、孔及轮廓组成。根据尺寸精度及表面粗糙度要求，ϕ40H7 孔采用镗削加工方法，ϕ12mm 孔采用钻削方法，ϕ25mm 孔采用锪削方法，平面及轮廓采用铣削方法。

2. 装夹方案确定

1）用机用虎钳装夹工件，加工的内容有：粗加工顶面、底面，精加工顶面、底面，ϕ60mm 外圆及其台阶面，ϕ12mm、ϕ25mm 孔。

2）用一面两孔定位方式，采用螺栓夹紧工件，如图 9-2 所示。加工的内容有：铣削外轮廓。

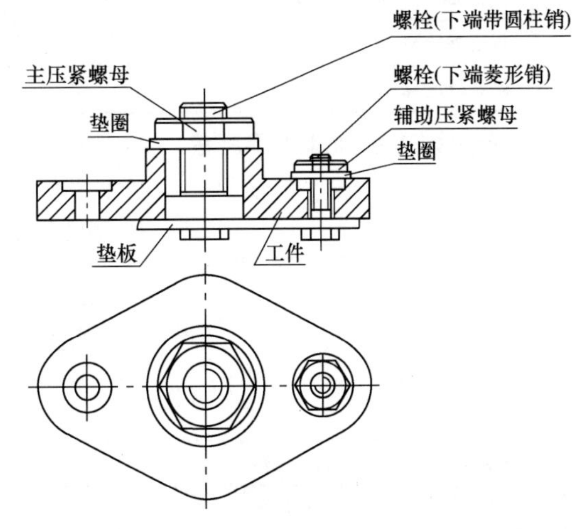

图 9-2　面两孔方式装夹示意图

3. 切削加工顺序

根据基面先行、先面后孔、先粗后精的原则，基本工序如下：粗精加工定位基准面（底面）——→粗加工顶面——→粗精加工 ϕ60mm 外圆及其台阶面——→孔加工——→外轮廓加工——→精加工顶面。

4. 刀具与切削用量确定

加工孔、平面及轮廓的刀具及切削用量如表 9-1 ~ 表 9-3 所示。

表 9-1　孔加工用刀具与切削用量

刀号	加工内容	刀具参数 /mm	主轴转速 /（r/min）	进给量 /（mm/min）	背吃刀量 /mm
1	钻 ϕ40H7 孔	ϕ38 钻头	200	40	19
2	粗镗 ϕ40H7 孔	镗孔刀调至 ϕ32.8	600	40	0.8
3	精镗 ϕ40H7 孔	镗孔刀调至 ϕ40	500	30	0.2
4	钻 2 × ϕ12 孔	ϕ12 钻头	500	30	6
5	锪 2 × ϕ25 孔	ϕ25 锪钻	300	20	6.5

表 9-2　平面加工用刀具与切削用量

刀号	加工内容	刀具参数 /mm	主轴转速 /（r/min）	进给量 /（mm/min）	背吃刀量 /mm
1	粗铣底面	ϕ125 硬质合金面铣刀	200	40	4.0
2	精铣底面		200	25	0.5
3	粗铣顶面		180	40	5
4	精铣顶面		180	25	0.5

表 9-3　轮廓加工用刀具与切削用量

刀号	加工内容	刀具参数 /mm	主轴转速 /（r/min）	进给量 /（mm/min）	背吃刀量 /mm
1	粗铣 ϕ60 外圆及其轮廓	ϕ60 硬质合金立铣刀	400	40	5
2	精铣 ϕ60 外圆及其轮廓		400	25	2.65/0.5
3	粗铣外轮廓	ϕ20 硬质合金立铣刀	900	40	10
4	精铣外轮廓		900	25	20

5. 编制数控铣削加工工序单

综合表 9-1 ~ 表 9-3 的信息，编制工序单如表 9-4 所示。

表 9-4　端盖数控铣削加工工序单

产品名称	端盖					
夹具名称	机用虎钳，一面两销			使用设备	数控铣床 MVC850	
装夹	序号	内容	刀具规格 /mm	主轴转速 /（r/min）	进给量 /（mm/min）	背吃刀量 /mm
用机用虎钳，第一次装夹	1	粗铣底面	ϕ125 硬质合金端铣刀	200	40	4
	2	精铣底面		200	25	0.5
用机用虎钳，第二次装夹	3	粗精铣顶面		180	40	5/0.5

（续）

产品名称	端盖					
夹具名称	机用虎钳，一面两销			使用设备	数控铣床 MVC850	
装夹	序号	内容	刀具规格 /mm	主轴转速 /(r/min)	进给量 /(mm/min)	背吃刀量 /mm
用机用虎钳，第二次装夹	4	粗铣 φ60 外圆及其轮廓	φ20 硬质合金立铣刀	400	40	5
	5	半精、精铣 φ60mm 外圆及其轮廓		400	25	2.65/0.5
	6	钻 φ40H7 通孔	φ38 钻头	200	40	19
	7	粗镗 φ40H7 孔	镗孔刀调至 φ32.8	600	40	0.8
	8	精镗 φ40H7 孔	镗孔刀调至 φ40	500	30	0.2
	9	钻 2×φ12mm 孔	φ12 钻头	500	30	6
	10	锪 2×φ25mm 孔	φ25 锪钻	300	20	6.5
一面两销及螺栓，第三次装夹	11	粗铣外轮廓	φ20 硬质合金立铣刀	900	40	10
	12	精铣外轮廓		900	25	20

9.1.2 程序编制

在实际加工中，并不是所有的加工部位全需要编程加工，如表面的粗加工可在 MDI 方式下进行加工。本例全部以程序实现加工，各程序如下。

1. 粗铣底面

粗铣底面程序如 O0100 所示，坐标系及刀具路径如图 9-3 所示。

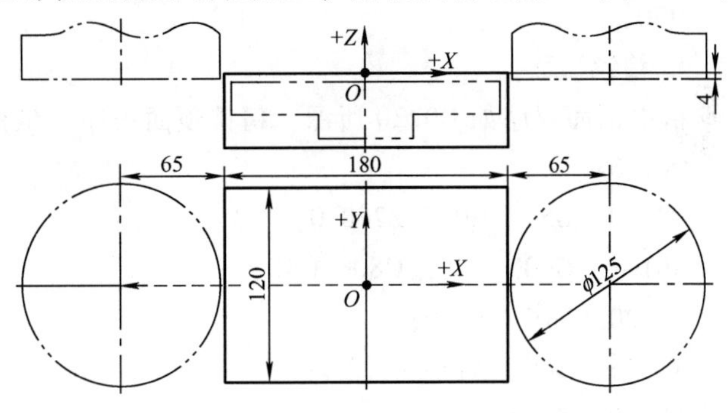

图 9-3 粗精铣底面刀具路径示意图

```
O0100;
N0100  G54  G00  Z200.0;
N0105  G90  G49  G80  G40;
N0110  M03  S200;
N0115  G00  X155.0  Y0;
N0120  Z-4.0;
N0125  G01  X-155.0  F40.0;
N0130  G00  Z200.0;
M05;
M30;
```

2. 精铣底面程序

坐标系及刀具路径与图 9-3 相同，把 O0100 中的 N0120 中的 Z-4.0 改为 Z-4.5，N0125 中的 F40.0 改为 F25.0 即可。

3. 粗铣顶面

粗铣顶面如程序 O0200 所示，坐标系及刀具路径如图 9-4 所示。

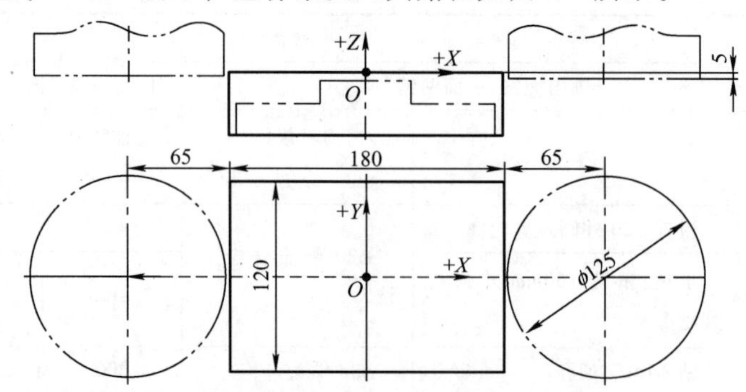

图 9-4　粗铣顶面刀具路径示意图

```
O0200;
N0100  G54  G00  Z200.0;
N0105  G90  G49  G80  G40;
N0120  M03  S180;
N0125  G00  X155.0  Y0;
N0130  Z-5.0;
N0135  G01  X-155.0  F40.0;
N0140  G00  Z200.0;
M05;
M30;
```

4. 精铣顶面

精铣顶面程序如 O0220 所示，精铣顶面程序，坐标系及刀具路径与图 9-4 相同。

```
O0220;
N0100  G54  G00  Z200.0;
N0105  G90  G49  G80  G40;
N0120  M03  S180;
N0125  G00  X155.0  Y0;
N0130  Z-0.5;
N0135  G01  X-155.0  F40.0;
N0140  G00  Z200.0;
M05;
M30;
```

5. 粗铣 ϕ60mm 外圆及其轮廓

直径方向留 6.3mm 半精加工、精加工余量。刀具路径要考虑到把整个毛坯余量去除，根据刀具直径，高度方向分四次切削进给（3.875mm/3.875mm/3.875mm/3.875mm）。径向方向，以 ϕ60mm 圆的圆心为原点，以到 a 点连线为半径画圆（ϕ216.3mm），以此圆为计算基准，刀具每次侧吃刀量为 5mm，刀具路径如图 9-5 所示，刀具路径的坐标如表 9-5 所示。程序如 O0400、O0401 所示。

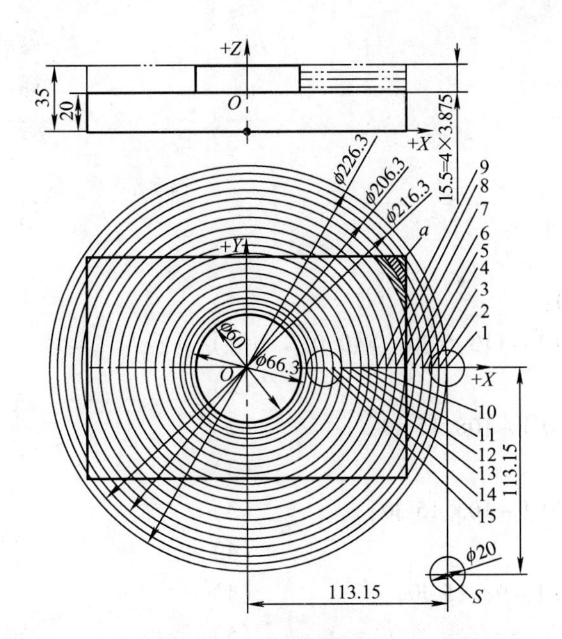

图 9-5　粗铣 ϕ60mm 外圆及其轮廓的刀具路径示意图

表 9-5　刀具路径的坐标　　（单位：mm）

点	直径	X	Y	点	直径	X	Y
1	226.3	113.15	0	9	146.3	73.15	0
2	216.3	108.15	0	10	136.3	68.15	0
3	206.3	103.15	0	11	126.3	63.15	0
4	196.3	98.15	0	12	116.3	58.15	0
5	186.3	93.15	0	13	106.3	53.15	0
6	176.3	88.15	0	14	96.3	48.15	0
7	166.3	83.15	0	15	86.3	43.15	0
8	156.3	78.15	0	16	76.3	38.15	0

主程序

```
O0400;
N0400  G54  G00  Z200.0;
N0405  G90  G49  G80  G40;
N0420  M03  S400;
G00  X113.15  Y-113.15;
Z31.625;
M98  P4001;
Z27.75;
M98  P4001;
Z23.875;
M98  P4001;
Z20.0;
```

```
M98  P4001;
G00  Z100.0;
M05;
M30;
子程序
O0401;
G00  X113.5  Y0;                          (1)
G03  X113.5  Y0 I-113.5 J0  F40.0;        (1)
G01  X108.15;                             (2)
G03  X108.15  Y0 I-108.15 J0;             (2)
G01  X103.15 ;                            (3)
G03  X103.15  Y0 I-103.15 J0;             (3)
G01  X98.15 ;                             (4)
G03  X98.15  Y0 I-98.15 J0;               (4)
G01  X93.15 ;                             (5)
G03  X93.15  Y0 I-93.15 J0;               (5)
G01  X88.15 ;                             (6)
G03  X88.15  Y0 I-88.15 J0;               (6)
G01  X83.15 ;                             (7)
G03  X83.15  Y0 I-83.15 J0;               (7)
G01  X78.15 ;                             (8)
G03  X78.15  Y0 I-78.15 J0;               (8)
G01  X73.15 ;                             (9)
G03  X73.15  Y0 I-73.15 J0;               (9)
G01  X68.15 ;                             (10)
G03  X68.15  Y0 I-68.15 J0;               (10)
G01  X63.15 ;                             (11)
G03  X63.15  Y0 I-63.15 J0;               (11)
G01  X58.15 ;                             (12)
G03  X58.5  Y0 I-58.15 J0 ;               (12)
G01  X53.15 ;                             (13)
G03  X53.15  Y0 I-53.15 J0;               (13)
G01  X48.15 ;                             (14)
G03  X48.15  Y0 I-48.15 J0;               (14)
G01  X43.15 ;                             (15)
G03  X43.15  Y0 I-43.15 J0;               (15)
G00  Z40.0;
G00  X113.15  Y-113.15;
M99;
```

由图 9-5 分析知，本程序存在两方面不足：一是 G03 指令中含有的空走刀路线较长，浪费时间，二是子程序书写工作量较大。针对存在的问题，一是考虑把空走刀路线裁剪掉，换成直线方式快速移动，二是用宏程序方式实现程序的简化。

6. 精铣 ϕ60mm 外圆及其轮廓

以切向方式切入与切出工件，刀具路径如图 9-6 所示。粗加工后的尺寸为 ϕ66. 3mm，精加工分两次走刀，第一次背吃刀量为 2. 65mm，第二次为 0. 5mm，以达到尺寸 ϕ60mm。注意事项：最后一刀的精加工要切向切入与切出工件，以避免 ϕ60mm 外圆在接刀处出现加工痕迹。程序如 O0500 所示。

```
O0500;
G54  G00  Z200.0;
G90  G49  G80  G40;
M03  S400;
G00  X40.0  Y-75.0;                    (1)
          Z20.0;
G42  G01  X30  Y0 D01  F25.0;
G03 I-30.0  J0;
G40  G00  X40.0  Y-75.0;
G42  G01  X30.0  Y0 D02  F25.0;
G01 I-30.0;
G40  G00  X40.0  Y75.0;
Z100.0;
M05;
M30;
```

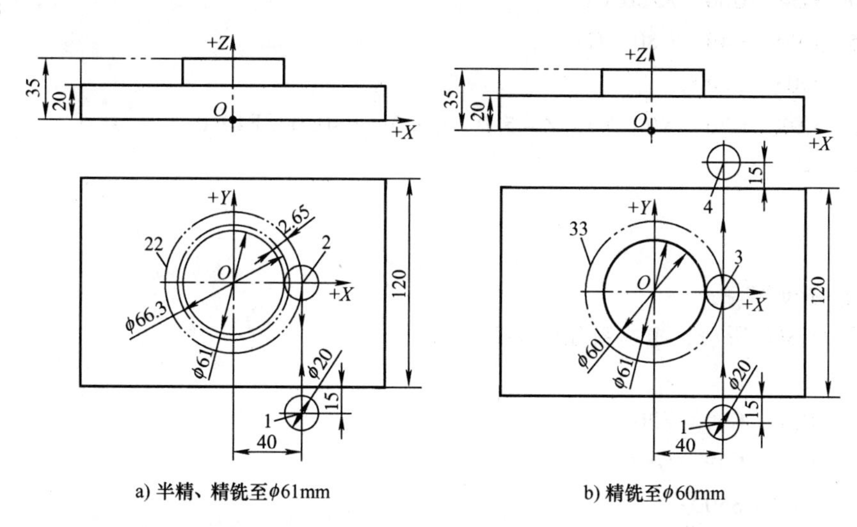

a) 半精、精铣至ϕ61mm　　b) 精铣至ϕ60mm

图 9-6　半精铣、精铣 ϕ60mm 外圆刀具路径示意图

7. 钻 ϕ40H7 通孔

程序如 O0600 所示，坐标系如图 9-7 所示。

```
O0600;
```

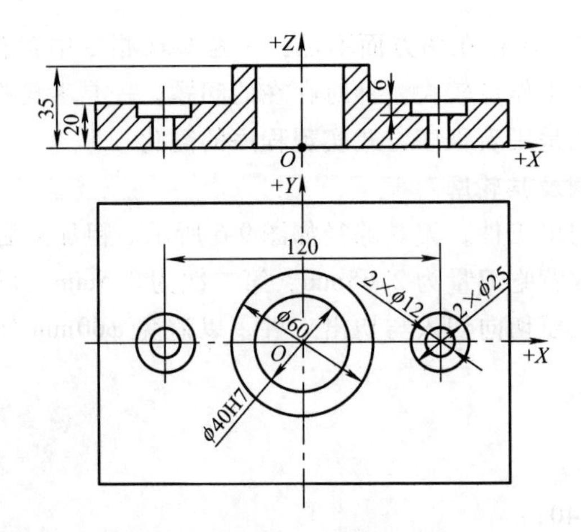

图 9-7　ϕ40H7 孔坐标示意图

```
N0600  G54  G00  Z200.0;
N0605  G90  G49  G80  G40;
N0620  M03  S200;
N0625  G98  G83  X0  Y0  Z-5.0  Q3.0  R5.0  F40.0;
N0630  G80;
M05;
M30;
```

8. 粗镗 ϕ40H7 孔

程序如 O0700 所示，坐标系如图 9-7 所示。

```
O0700;
N0700  G54  G00  Z200.0;
N0705  G90  G49  G80  G40;
N0720  M03  S600;
N0725  G98  G76  X0  Y0  Z-5.0  Q0.5  R40.0  F40.0;
N0730  G80;
M05;
M30;
```

9. 精镗 ϕ40H7 孔

程序如 O0800 所示，坐标系如图 9-7 所示。

```
O0800;
N0800  G54  G00  Z200.0;
N0805  G90  G49  G80  G40;
N0820  M03  S500;
N0825  G98  G76  X0  Y0  Z-5.0  Q0.5  R40.0  F30.0;
N0830  G80;
M05;
M30;
```

10. 钻 2×ϕ12mm 孔

程序如 O0900 所示，坐标系如图 9-7 所示。

```
O0900;
N0900  G54  G00  Z200.0;
N0905  G90  G49  G80  G40;
N0920  M03  S500;
N0925  G98  G83  X60  Y0  Z-5.0  Q5.0  R40.0  F30.0;
       X-60.0;
N0930  G80;
M05;
M30;
```

11. 锪 2×ϕ25mm 孔

程序如 O1000 所示，坐标系如图 9-7 所示。

```
O1000;
N1000  G54  G00  Z200.0;
N1005  G90  G49  G80  G40;
N1020  M03  S300;
N1025  G98  G83  X60.0  Y0  Z14.0  Q5.0  R40.0  F20.0;
       X-60.0;
N1030  G80;
M05;
M3;
```

12. 粗铣、精铣外轮廓

程序如 O1121 所示，坐标系及刀具路径如图 9-8 所示。

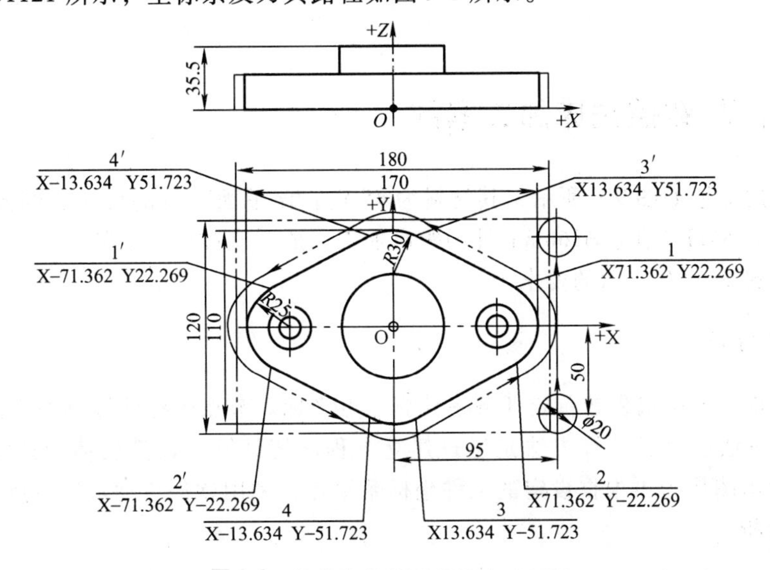

图 9-8　外轮廓粗铣精铣加工示意图

```
O1121;
N1100  G54  G00  Z200.0;
N1105  G90  G49  G80  G40;
N1120  M03  S900;
N1125  G00  X95.0  Y-50.0;
D11  M98  P1122  F40.0;      (留 0.5mm 精加工余量，刀具名义半径为 10.5mm)
D12  M98  P1122  F25.0;      (刀具半径为 10mm)
M05;
M30;
O1122;
G90  G00  Z-1.0;
G42  G01  X85.0  Y0  F40.0;
G03  X71.362  Y22.269  R25.0;
G01  X13.634  Y51.723;
G03  X-13.634  R30.0;
G01  X-71.362  Y22.269;
G03  Y-22.269  R25.0;
G01  X-13.634  Y-51.723;
G03  X13.634  Y-51.723  R30.0;
G01  X71.362  Y-22.269;
G03  X85.0  Y0  R25.0;
G40  G00  X95.0  Y50.0;
Z200.0;
X-95.0;
M99;
```

9.2 平面凸轮数控铣床加工案例

平面凸轮的毛坯如图 9-9 所示，其材料为 45 钢；该平面凸轮的待加工部分如图 9-10 所示。ϕ80H7 孔、ϕ12H7 孔、ϕ360mm 外圆等已加工完成，基准面已磨削完毕，现要求加工凸轮槽部分，达到图 9-10 所示的要求。

9.2.1 工艺分析

对平面凸轮类零件编程的首要任务是计算节点坐标。节点坐标计算有手工计算和计算机辅助计算两种方法。手工计算方法是通过建立方程求解计算；计算机辅助计算方法是利用 CAD 软件先画出图形，再根据设定的工件坐标系原点，利用软件自动求出节点坐标。

1. 图样分析

凸轮槽内放置滚子，滚子在凸轮槽内按凸轮曲线运动，达到控制从动件运动的目的。要使滚子在凸轮槽内顺利地运动，一是要保证凸轮槽曲线的正确性（主要通过数控加工程序

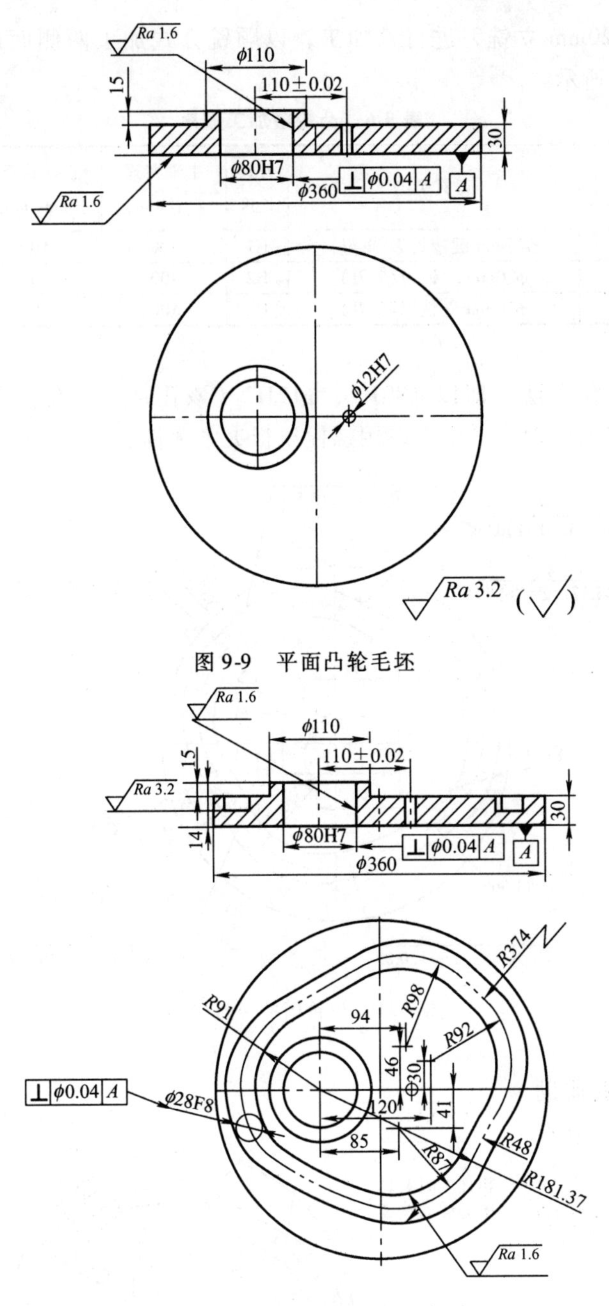

图 9-9　平面凸轮毛坯

图 9-10　平面凸轮的待加工部分

来解决）；二是要保证凸轮槽的侧面与 *A* 面要垂直（主要通过工装及机床精度来解决），以保证滚子在槽内运动时与侧面均匀接触，不因冲击导致从动件运动失真。

2. 加工顺序

加工顺序安排：如用 ϕ28F8 键槽铣刀一次铣削凸轮槽，因切削力较大，凸轮槽在加工完成之后会变形且表面粗糙度很难达到要求。按先粗后精的原则及槽的加工方法，本例采用先用 ϕ25mm 键槽铣刀以槽中心线为刀具中心运动轨迹进行粗加工，背吃刀量为 13.8mm；之后用 ϕ20mm 立铣刀进行半精加工，加工两侧至槽宽 27.6mm，每侧留 0.2mm，加工槽深至 14mm；最后用 ϕ20mm 立铣刀进行精加工，以顺铣方式加工两侧面达到尺寸要求。凸轮槽加工顺序如表 9-6 所示。

表 9-6　凸轮槽加工顺序

序号	加工部位	刀具号	刀具类型	刀具长度	主轴转速/(r/min)	进给速度/(mm/min)	刀具偏置号	刀具偏置量/mm
1	粗加工槽	T1	ϕ25mm 键槽铣刀(2 刃)	H1	300	50		
2	半精加工槽	T2	ϕ20mm 立铣刀(2 刃)	H2	400	60	D2	3.8
3	精加工槽	T3	ϕ20mm 立铣刀(2 刃)	H2	500	60	D3	R

3. 工装设计

采用一面两孔定位方法，即以 ϕ80H7、ϕ12H7（该孔是工艺孔，专门为定位用）孔及工件底面定位，限制工件六个自由度，用螺栓压板夹紧工件。

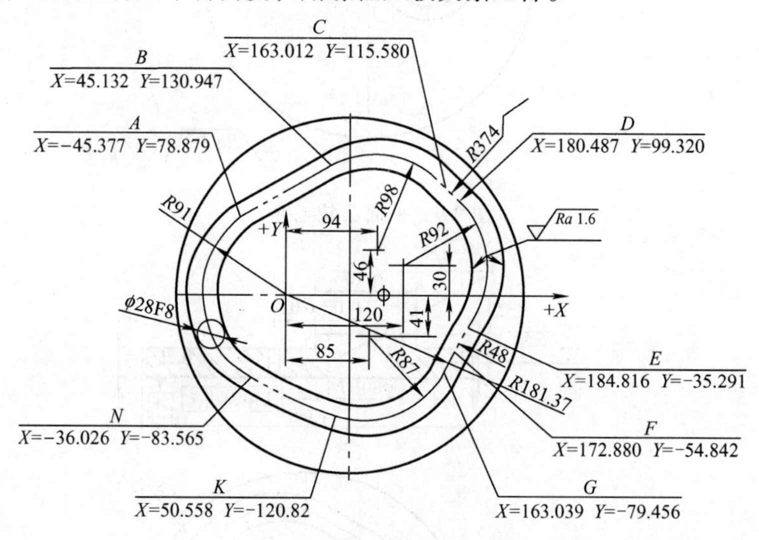

图 9-11　凸轮槽的节点坐标

4. 坐标计算

本例采用计算机辅助计算节点坐标方法，节点坐标如图 9-11 所示。用计算机辅助计算节点坐标的基本步骤如下：

在 CAD 软件中按一定比例画出凸轮槽二维图；

把工件坐标原点设定在图形指定处，并设定为当前坐标系；

用软件中的查询等方式求出各节点坐标。

5. 刀具路径分析

粗加工时，刀具以

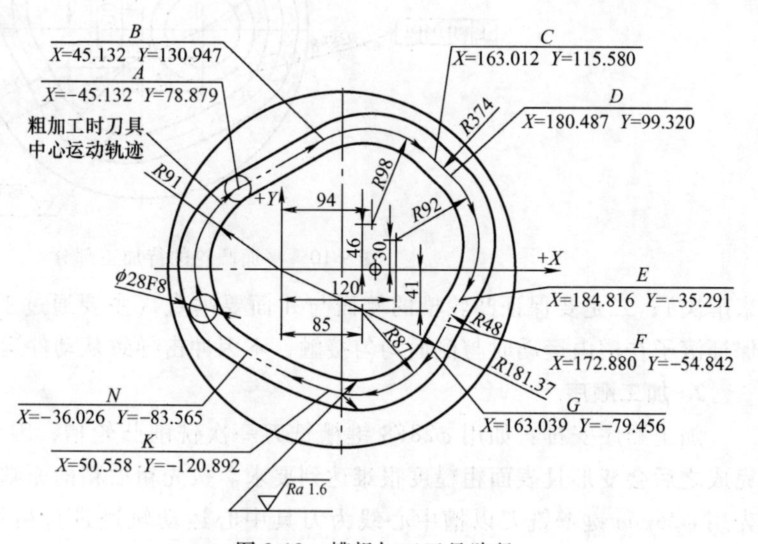

图 9-12　槽粗加工刀具路径

ϕ28F8 槽中心线（即 *A*、*B*、*C*、*E*、*F*、*G*、*K*、*N* 各点的连线）为刀具中心运动轨迹，进行顺序切削加工，如图 9-12 所示。

精加工、半精加工时，为保证槽的加工精度，采用顺铣方法，以槽中心线为编程轮廓进行半精加工及精加工，刀具中心运动轨迹平行于槽中心线，距槽中心线距离为 3.8mm（计算过程分析：槽单边留 0.2mm 余量；采用半径为 10mm 立铣刀，则刀具中心运动轨迹距槽侧面为 10.2mm；槽中心线距槽侧面为 14mm；则刀具中心运动轨迹与槽中心距离为 3.8mm）。精、半精加工的刀具路径如图 9-13、图 9-14 所示。

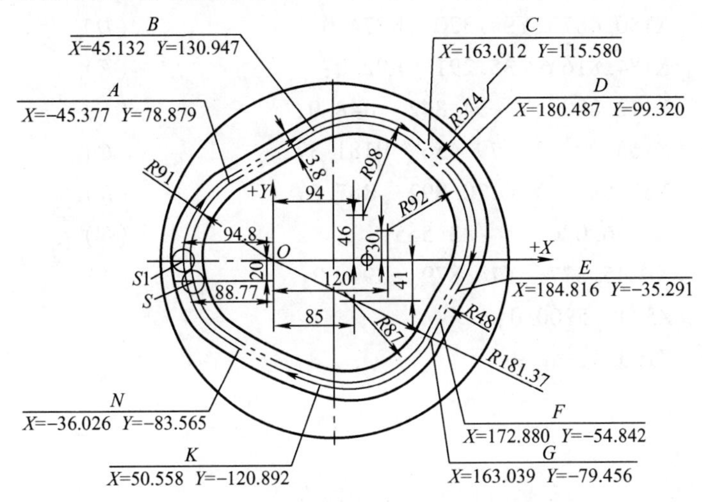

图 9-13　槽外侧精加工、半精加工刀具路径

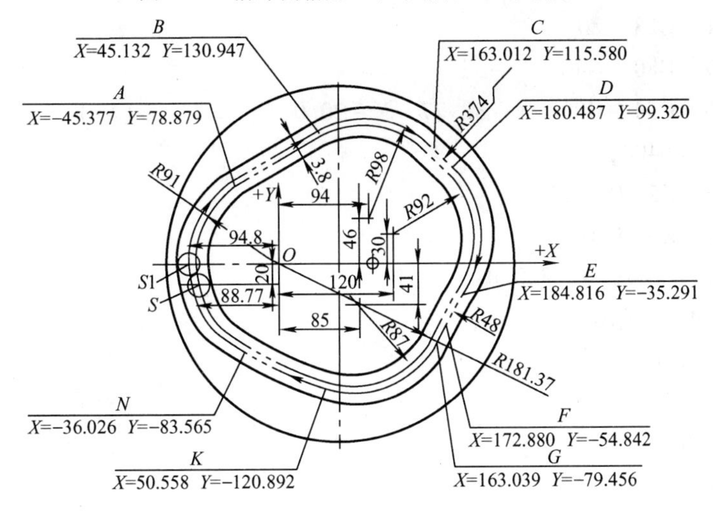

图 9-14　槽内侧精加工、半精加工刀具路径

9.2.2　程序编制

```
O1123;
(粗加工，T1)
N0100   G91   G28   Z0;
N0102   G49   G80   G40;
```

```
N0106  G90  G54  G00  X-45.377  Y78.879 ;        (A)
N0108  M03  S300;
N0110  G43  Z50.0  H1;
N0112  G00  Z-10.0;
N0114  G01  Z-28.8  F20.0;                        (A)
N0116  X45.132  Y130.947  F50.0;                  (B)
N0118  G02  X163.012  Y115.580  R98.0;            (C)
N0120  G03  X180.487  Y99.320  R374.0;            (D)
N0122  G02  X184.816Y-35.291  R92.0;              (E)
N0124  G03  X172.880  Y-54.842  R48.0;            (F)
N0125  G02  X163.09  Y-79.456  R181.37;           (G)
N0126  G02  X50.588  Y-120.892  R87.0;            (K)
N0128  G01  X-36.026  Y-83.565;                   (N)
N0130  G02  X-45.377  Y78.879  R91 .0;            (A)
N0132  G01  Z5.0  F200.0;
N0134  G00  Z100.0;
M05;
M30;
O2233;
(外侧半精加工，T2 刀)
N0200  G91  G28  Z0;
N0202  G49  G80  G40;
N0206  G90  G54  G00  X-88.77  Y-20.0;          (S1)
N0208  M03  S400;
N0210  G43  Z50.0  H2;
N0212  G00  Z-10.0;
N0214  G01  Z-29.0  F20.0;
N0216 D2  M98  P100  F60.0;
(内侧半精加工)
G00  X-88.77  Y-20.0;                             (S1)
G00  Z-10.0;
G01  Z-29.0  F20.0;
D2  M98  P200  F60.0;
M05;
M30;
(外侧精加工，T3)
O3333;
N0200  G91  G28  Z0;
N0202  G49  G80  G40;
```

```
N0204  T3  M06;
N0206  G90  G54  G00  X-88.77  Y-20.0;
N0208  M03  S500;
N0210  G43  Z50.0  H3;
N0212  G00  Z-10.0;
N0214  G01  Z-29.0  F60.0;
D3  M98  P100;
(内侧精加工)
G00  X-88.77  Y-20.0;
G00  Z-10.0;
G01  Z-29.0  F20.0;
D2  M98  P200  F60.0;
G00  Z100.0;
M05;
M30;
O100;
G42  G01  X-94.8  Y0;                              (S1)
G02  X-45.377  Y78.879  R91.0;                     (A)
G01  X45.132  Y130.947;                            (B)
G02  X163.012  Y115.58  R98.0;                     (C)
G03  X180.487  Y99.320  R374.0;                    (D)
G02  X184.816  Y-35.291  R92.0;                    (E)
G03  X172.880  Y-54.842  R48.0;                    (F)
G02  X163.039  Y-74.456  R181.37;                  (G)
G02  X50.588  Y-120.892  R87.0;                    (K)
G01  X-36.026  Y-83.565;                           (N)
G02  X-45.377  Y78.879  R91.0;                     (A)
G40  G01  Z0;
M99;

O200;
G42  G01  X-87.2  Y0;                              (S1)
G03  X-36.026  Y-83.565  R91.0;                    (N)
G01  X50.588  Y-120.892;                           (K)
G03  X163.039  Y-79.456  R87.0;                    (G)
G02  X172.880  Y-54.842  R181.37;                  (F)
G02  X184.816  Y-35.291  R48.0;                    (E)
G03  X180.487  Y99.320  R92.0;                     (D)
G02  X163.012  Y115.580  R374.0;                   (C)
```

```
G03   X45.132   Y130.947   R98.0;          (B)
G01   X-45.377   Y78.879;                  (A)
G03   X-36.026   Y-83.565   R91.0;         (N)
G40   G01   Z5.0;
M99;
```

9.3 孔类零件加工中心加工案例

含有孔系的零件如图 9-15 所示，材料为 45 钢，加工 4 × ϕ12H7 孔。

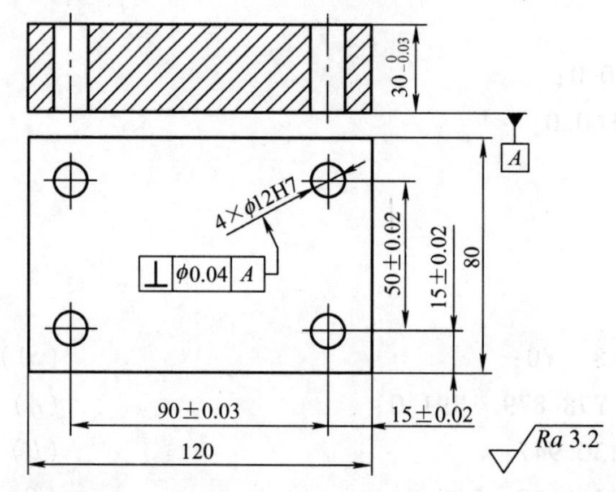

图 9-15 含有孔系的零件

9.3.1 工艺分析

1. 图样分析

4 个 ϕ12H7 孔，孔距为（90 ± 0.03）mm ×（50 ± 0.02）mm，孔的定位尺寸为距离边线（15 ± 0.02）mm，孔的中心线对 *A* 面垂直度公差为 ϕ0.04mm，表面粗糙度全部为 *Ra*3.2μm。

2. 工艺过程

根据孔的精度要求，每个孔的加工工艺过程如下：

1）钻中心孔，用 ϕ3mm 中心钻钻削 4 × ϕ12H7 孔的中心孔。

2）钻孔，用 ϕ11.2mm 钻头钻削 4 × ϕ12H7 孔。

3）扩孔，用 ϕ11.8mm 扩孔刀扩削 4 × ϕ12H7 孔。

4）铰孔，用 ϕ12H7mm 铰刀铰削 4 × ϕ12H7 孔至尺寸。

3. 刀具与切削用量选择

各刀具的切削用量信息如表 9-7 所示。

4. 夹具的选择

由于工件轮廓已加工过，采用精密机用虎钳装夹工件即可。用找正器确定工件右下角为 *XY* 平面工件坐标系原点，即 G54 原点，坐标系如图 9-16 所示。

5. 坐标点的计算

由图样分析知，本图采用连续尺寸标注法标注孔的尺寸，故采用相对坐标编程，以消除积累误差、保证孔距。孔的位置尺寸取中间值，各孔相对坐标如图 9-16 所示。各孔的加工顺序及坐标为#1（-15，15）、⟶#2（0，50）、⟶#3（-90，0）、⟶#4（0，-50）。

表 9-7 切削用量信息

刀具 名称	直径 /mm	切削速度 /（m/min）	每转进给量 /（mm/r）	主轴转速 /（r/min）	进给量 /（mm/min）	刀具号	半径补偿号	长度补偿号
中心钻	ϕ3	24	0.05	2500	130	Tl		H1
麻花钻	ϕ11.2	24	0.25	700	180	T2		H2
扩孔刀（2 刃）	ϕ11.8	24	0.1	650	65	T3		H3
铰刀（2 刃）	ϕ12H7	7.5	0.4	200	60	T4		H4

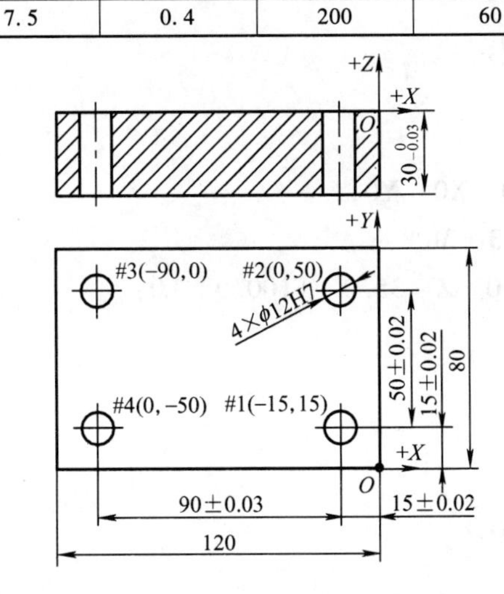

图 9-16 坐标系及各孔相对坐标示意图

9.3.2 程序编制

主程序：

```
O0001;
N0000 G91 G28 Z0;
N0005 G49 G80 G40;
N0100 T1 M06;
N0105 M03 S2500 ;
N0110 G90 G54 G00 X0 Y0;
N0115 G43 Z10.0 H1 M08;
N0120 G98 G81 R2.0 Z-2.0 F130.0 L0;（空切削，为了使 G81 在子程序中有效）
N0125 M98 P0022;
N0130 G90 G80;
N0140 M09;
N0150 G91 G28 Z0;
N0155 G49 G80 G40;
```

```
N0200   T2   M06;
N0205   M03   S700 ;
N0210   G90   G54   G00   X0   Y0;
N0215   G43   Z10.0   H2   M08;
N0220   G98   G83   R2.0   Z-35.0 Q2.0   F130.0   L0;
N0225   M98   P0022;
N0230   G90   G80;
N0235   M09;
N0245   G91   G28   Z0;
N0250   G49   G80   G40;
N0300   T3   M06;
N0305   M03   S650 ;
N0310   G90   G54   G00   X0   Y0;
N0315   G43   Z10.0   H3   M08 ;
N0320   G98   G81   R2.0   Z-35.0   F100.0   L0;
N0325   M98   P0022;
N0330   G90   G80;
N0335   M09;
N0345   G91   G28   Z0;
N0350   G49   G80   G40;
N0400   T4   M06;
N0405   M03   S200 ;
N0410   G90   G54   G00   X0   Y0;
N0415   G43   Z10.0   H4   M08;
N0420   G98   G81   R2.0   Z-40.0   F100.0   L0;
N0425   M98   P0022;
N0430   G90   G80;
N0435   M09;
N0440   M05;
N0445   M30;
子程序;
O0022;
G91   X-15.0   Y15.0   X0   Y50.0;
X-90.0   Y0   X0   Y-50.0;
M99;
```

9.3.3 操作机床加工

(1) 刀具长度测量　把使用的刀具安装在刀柄上后，用对刀仪测量刀具长度，将数据记录下来。

（2）起动机床　打开主控电源；打开控制面板；机床回参考点。

（3）刀具安装　将刀具按程序的加工顺序依次地安装到刀库中，即 T1 放在 01 号刀座内、T2 放在 02 号刀座内、T3 放在 03 号刀座内、T4 放在 04 号刀座内。

（4）刀具长度补偿输入　根据测得的刀长数据，输入到相应刀具的刀长地址中。

（5）程序输入　在编辑模式（EDIT）下，将程序逐句输入到控制系统，输入完毕后检查程序输入的正确性。

（6）工件的装夹定位

1）将精密机用虎钳安装在机床工作台上。

2）将工件夹持在机用虎钳上，在手动模式（MANUAL）下用百分表对工件基准面进行找正定位，然后紧固虎钳螺母。

3）对刀操作，确定工件坐标系。

工件装夹完毕后，必须确定其坐标系，然后才能进行加工。下面是使用偏心轴（$d=10$mm）来确定坐标系。

X 坐标测定：如图 9-17 所示，将偏心轴夹持在主轴上，在 MDI 模式下设定主轴转速为 500r/min。切换到手动模式，让偏心轴由右到左移动接触工件，根据偏心轴使用方法，确定其位置。记录此时机床坐标（MACHINE）数值 *X*1，计算工件在机床坐标系中 *X* 向的零点坐标 $X=X1-d/2=X1-5$。

Y 坐标测定：如图 9-17 所示，采用同 *X* 坐标测定相同的方法确定 *Y* 方向的机床坐标值 *Y*1，$Y=Y1+d/2=Y1+5$，即工件在机床坐标系中的 *Y* 向的零点坐标。

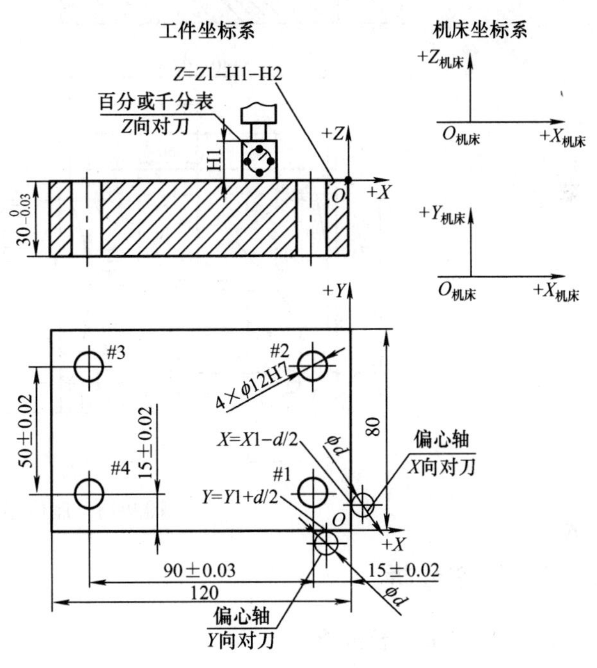

图 9-17　对刀示意图

Z 坐标的测定：如图 9-17 所示，将对刀器置于工件表面上，在 MDI 模式下调用 T1 刀，在手动模式下，移动主轴刀具从上至下接触对刀器，至千分表指向事先调好的零点（H2）为止，记录下此时机床坐标值读数 *Z*1，$Z=(Z1-H1-H2)$，即为工件在机床坐标系中 *Z* 方向的零点坐标。对刀结束后提升刀具取下对刀器。

工件坐标系的输入：在操作面板上将屏幕切换到工件坐标显示屏幕，然后将前面所得的数据 *X*、*Y*、*Z* 值分别输入到 G54 中对应位置。

（7）试运行　试运行以检验工件加工是否符合图样要求标准，目的是检查程序的正确性。将屏幕切换到工件坐标屏幕显示，把 EXT 坐标中的 *Z* 值改为 100.0mm 或更高一些，这样就把工件坐标系 *Z* 向平移了 100.0mm 或更高距离。然后将模式切换到 EDIT 状态，找出 O0001 号程序，光标放置于程序首，切换屏幕到 MEMORY 模式下，按下程序执行按钮 CTART。

（8）自动加工　当试运行结束、确认程序无误后，将 EXT 中的 *Z* 值设为 0，在 MEMO-

RY 模式下按下 START 按钮启动程序，进行自动加工。

（9）检验　加工结束后对工件进行检验，确定其尺寸是否符合图样要求。对超差尺寸在可修复的情况下继续加工，直到符合图样要求。

9.4　座体零件加工中心加工案例

如图 9-18 所示座体零件，毛坯尺寸为(140 ±0.05)mm ×(120 ±0.05)mm ×30mm，材料为 45 钢，使用加工中心加工。

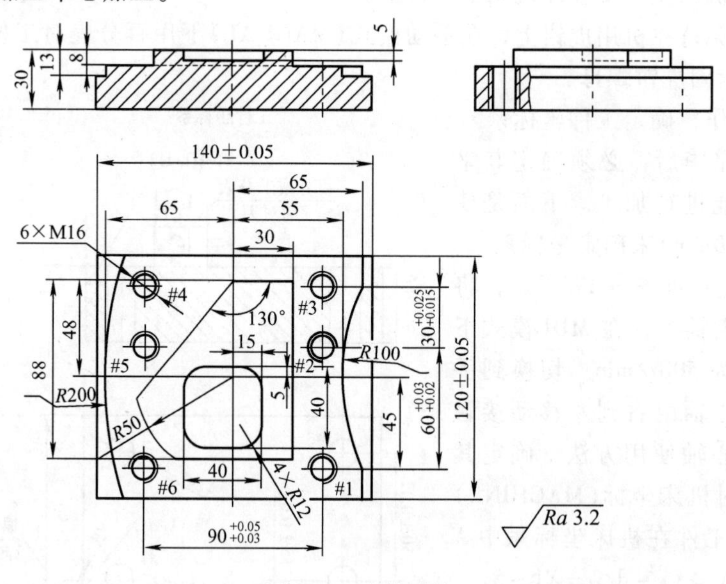

图 9-18　座体零件

9.4.1　工艺分析

1. 零件加工工艺分析

加工要素为孔、轮廓。从图中可以看出要求比较高的有螺纹孔距，孔距尺寸要进行对称性公差的转换，并按中间尺寸编程；6 个孔的加工要考虑其加工顺序，否则机床的反向间隙会引入孔间距的误差中。本案例孔的加工顺序为 1 ⟶2 ⟶3 ⟶(0，80)6 ⟶5 ⟶4。

表面粗糙度要求不高，基于毛坯尺寸，宜用粗、精加工方法。轮廓铣削加工时，主要用顺铣方法。零件精加工余量取值为 0.2 ~0.5mm。

2. 确定夹具

加工中心使用的通用夹具为机用虎钳和压板，本案例用机用虎钳来装夹工件。在安装时，工件要安装在钳口中间部位。安装机用虎钳时，要对它的固定钳口找正。工件被加工部分要高出钳口，避免刀具与钳口发生干涉。

3. 确定刀具

根据加工工艺分析知，本零件的加工需要中心钻、麻花钻、机用丝锥、立铣刀。对于刀具的选择，要注意以下几点：

1）对于粗加工，铣外轮廓时可以尽可能地选择直径大一些的刀具，这样可以提高效率。

本案例中铣外轮廓用 ϕ25mm 立铣刀。

2）对于精加工，铣内轮廓时所用刀具直径要小于内轮廓的内圆弧半径的大小，一般情况下刀具半径为内轮廓最小半径的 0.8 倍。

3）铣 40mm×40mm 槽时，选择键槽铣刀，粗加工时当然要大直径的。本案例中铣槽用 ϕ20mm 键槽铣刀。

4）钻螺纹孔时，要通过查表或计算选择麻花钻直径。

4. 确定编程原点及编程坐标系

编程时，一般是选择工件或夹具上某一点作为程序的原点，这一点就称为编程原点。

编程原点的选择原则是：

1）编程原点最好与图样上的尺寸基准重合。

2）在进行数值计算时，运算简单。

3）引起的加工误差最小。

在编程原点确定后，编程坐标系、对刀的位置就确定了。本案例中，编程原点如图 9-19 所示。

5. 确定切削参数

切削条件的好坏直接影响加工的效率和经济性，其涉及的内容较多，如编程人员的经验、工件材料及性质、刀具材料及性质、切削用量、加工精度、表面质量、冷却等。这里仅简单介绍几个。

（1）主轴转速 n　采用 $V=\pi dn/1000$ 计算公式。其中，V 为切削速度(m/min)，d 为切削刃处对应的工件或刀具的回转直径(mm)，n 为工件或刀具的转速(r/min)。

（2）进给速度 f　采用 $f=f_z nz$ 计算公式。其中，f 为进给速度(mm/min)，f_z 为每齿进给量(mm/齿)，n 为工件或刀具的转速(r/min)，z 为刀具齿数。

（3）背吃刀量 a_p　背吃刀量主要受机床和刀具刚度的限制。在机床刚度允许的情况下，应尽可能使背吃刀量等于零件的加工余量，这样可以减少进给次数，提高加工效率。

6. 数值计算

根据零件图样按已确定的刀具路径和允许的加工误差，计算出数控系统所需输入数据，这一步称为数值计算。计算部分省略。

7. 编写工艺单及确定切削用量，如表 9-8 所示。

表 9-8　座体零件加工工艺单

序号	加工部位	刀具号	刀具类 W 型	刀具长度补偿	主轴转速/(r/min)	进给速度/(mm/min)	刀具偏置号	刀具偏置量/mm
1	粗铣深 13mm 的凸台	T1	ϕ30mm 键槽铣刀(2 刃)	H1	250	50	D1	$R1+0.2$
2	粗铣深 8mm 的凸台	T1	ϕ30mm 键槽铣刀(2 刃)	H1	250	50	D2	17
3	半精加工深 8mm 的凸台	T1	ϕ30mm 键槽铣刀(2 刃)	H1	250	50	D3	$R1+0.2$
4	粗铣 40mm×40mm 内轮廓	T2	ϕ20mm 键槽铣刀(2 刃)	H2	300	50	D21	$R2+0.2$
5	钻中心孔	T3	ϕ3mm 中心钻(2 刃)	H3	900	80	D4	—
6	钻 M16 孔	T4	ϕ14mm 钻头(2 刃)	H4	450	50	D5	—
7	攻 M16 螺纹	T5	M16 丝锥	H5	100	200	D6	—

（续）

序号	加工部位	刀具号	刀具类 W 型	刀具长度补偿	主轴转速/(r/min)	进给速度/(mm/min)	刀具偏置号	刀具偏置量/mm
8	精铣深 13mm 的凸台	T7	ϕ30mm 立铣刀(4 刃)	H7	320	50	D7	*R*7
9	精铣深 8mm 的凸台	T7	ϕ30mm 立铣刀(4 刃)	H7	320	50	D7	*R*7
10	精铣 40mm×40mm 内轮廓	T8	ϕ12mm 立铣刀(4 刃)	H8	500	150	D8	*R*8

9.4.2 程序编制

O1000;

G91 G28 Z0;

G49 G80 G40;

T1 M06;

G90 G54 G00 X0 Y0;

M03 S250;

G43 Z50.0 H1;

G00 X650.0 Y-80.0;

Z-13.0;

D1 M98 P201;（粗加工深 13mm 凸台，即右侧的轮廓程序，刀具路径如图 9-19 所示）

G00 X-50.0 Y80.0;

Z-13.0;

D1 M98 P202;（粗加工深 13mm 凸台，即左侧的轮廓程序，刀具路径如图 9-19 所示）

G00 X90.0 Y-80.0;

Z-8.0;

G41 G01 X56.605 Y0 D2 F50;（粗加工深 8mm 凸台，去除 ϕ119.21mm 之外的余量，D2 中的值为 17mm，毛坯单边最小处余量 3mm，如图 9-20 所示）

G03 I-56.605;

G40 G00 X90.0 Y-80.0;

D3 M98 P222;（半精加工深 8mm 凸台，留精加工余量 0.2mm，R 值为刀半径 +0.2mm，如图 9-21、图 9-22 所示）

G91 G28 Z0;

G49 G80 G40;

T2 M06;

G90 G54 G00 X-5.0 Y-15;（粗加工 40mm×40mm 槽，用 ϕ20mm 键槽铣刀，坐标如图 9-23 所示）

M03 S300;

G43 Z50.0 H2;

G00 Z5.0;

G01 Z-5.0 F30.0;

```
D21 M98 P400;
G91 G28 Z0;
G49 G80 G40;
T3 M06;
G90 G54 G00 X0 Y0;
M03 S900;
G43 Z50.0 H3;（钻中心孔，如图 9-24 所示）
G90 G98 G81 X0 Y100.0 Z-1.0 R2.0 F80.0 L0;（空钻）
M98 P300;
G91 G28 Z0;
G49 G80 G40;
T4 M06;
G90 G54 G00 X0 Y0;（钻底孔，如图 9-24 所示）
M03 S450;
G43 Z50.0 H4;
G73 X0 Y100.0 Z-35.0 R5.0 Q5.0 F50.0 L0;
M98 P300;
G91 G28 Z0;
G49 G80 G40;
T5 M06;
G90 G54 G00 X0 Y0;（攻螺纹，如图 9-24 所示）
M03 S100;
G43 Z50.0 H5;
G84 X0 Y100.0 Z-35.0 R5.0 F200.0 L0;
M98 P300;
（以下为精加工部分）
G91 G28 Z0;
G49 G80 G40;
T7 M06;
G90 G54 G00 X0 Y0;
M03 S320;
G43 Z50.0 H7;
G00 X65.0 Y-8.0;
Z-13.0;
D7 M98 P201;（深 13mm 凸台，即右侧的轮廓程序，刀具路径如图 9-19 所示）
G00 X-50.0 Y80.0;（21）
Z-13.0;
D7 M98 P202;（深 13mm 凸台，即左侧的轮廓程序，刀具路径如图 9-19 所示）
G00 X120.0 Y0;
```

```
Z5.0;
G01 Z-8.0 F50.0;
D7 M98 P222;（深8mm凸台，刀具路径如图9-22所示）
G91 G28 Z0;
G49 G28 Z0;
T8 M06;
G90 G54 G00 X0 Y0;
M03 S500;
G43 Z50.0 H8;
G00 Z5.0;
G01 Z-5.0 F150.0;
D8 M98 P400;（深40mm×49mm槽，刀具路径如图9-23所示）
G91 G28 Z0;
G49 G80 G40;
M05;
M30;
O201;（右侧的轮廓子程序）
G90 G42 G01 X65.0 Y-60.0 F50.0;（11）
Y-43.589;
G02 Y43.589 R100.0;
G01 Y80.0;
G40 Z100.0;
M99;
O202;（左侧的轮廓子程序）
G42 G01 X55.788 Y60.0 F50.0;
G03 X-55.788 Y-60.0 R200.0 F60.0;
G40 G00 Z50.0;
M99;
O222;（半精加工凸台，留精加工余量0.2mm，R值为刀半径+0.2mm）
G42 G00 X30 Y-80.0;            （1）
G01 Y48.0 F50.0;               （2）
X0;                            （3）
X-48.926 Y-10.31;              （4）
G03 X-30.0 Y-44.0 R50.0        （5）
G40 G01 X90.0 Y-40.0           （7）
M99;
```

分析：ϕ119.21mm与1-2-3-4-5轮廓之间最大未切除余量为28.7mm，ϕ30mm键槽铣刀走一次即可完成粗加工，如图9-21所示，刀具路径如图9-22所示。

```
O300;（中心孔）
```

```
X45.04 Y-45.0;                         (1)
G91 Y60.025;                           (2)
    Y30.02;                            (3)
G90 X0 Y-80.0;
X-45.02 Y-45.0;                        (6)
G91 Y60.025;                           (5)
Y30.02;                                (4)
G90;
M99;
O400;(40mm×40mm 的槽)
G42 G01 X-5.0 Y5.0 F50.0;              (s)
X3.0;                                  (a)
G02 X15.0 Y-7.0 R12.0;                 (b)
G01 Y-23.0;                            (c)
G02 X3.0 Y-35.0 R12.0;                 (d)
G01 X-13.0;                            (e)
G02 X-25.0 Y23.0 R12.0;                (f)
G01 Y-7.0;                             (g)
G02 X-13.0 Y5.0 R12.0;                 (h)
G01 Y7.0;
G40 G00 Z50.0;
M99;
```

图 9-20 分析：分别从圆心到 a、b 两点画线，其圆直径分别为 ϕ113.21 mm、ϕ176.92 mm，在距离 a 点 3 处画圆 ϕ119.21mm（粗加工后留余量 3mm）。计算（176.92 − 119.21）/2mm = 28.86mm，该值满足 ϕ30mm 键槽铣刀可铣削一次把全部余量加工完成。刀具路径为 111 ⟶222 ⟶333 圆⟶111。

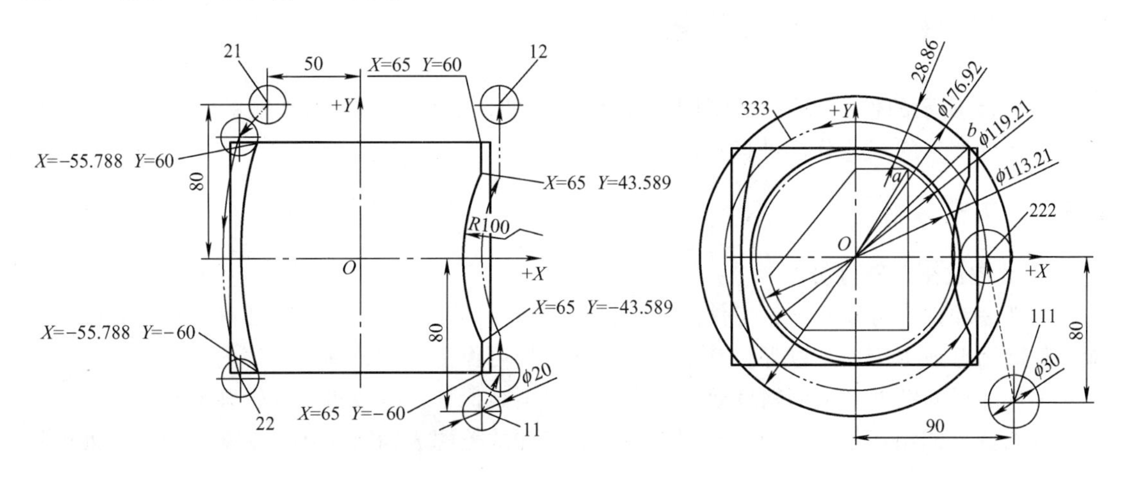

图 9-19 加工左右侧轮廓的刀具路径　　图 9-20 粗加工凸台的刀具路径

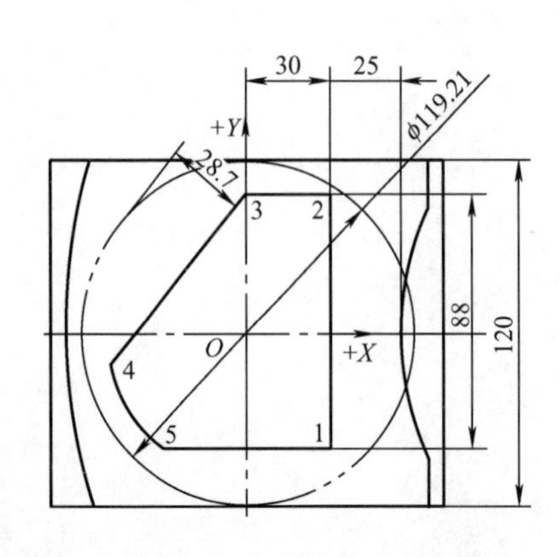

图 9-21　半精加工凸台的刀具路径

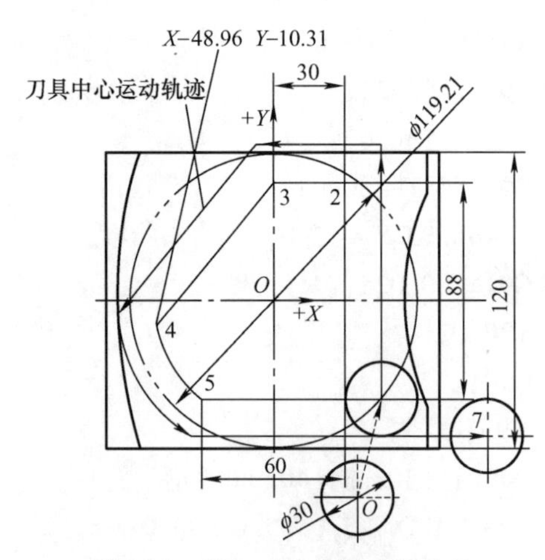

图 9-22　精加工凸台的刀具路径

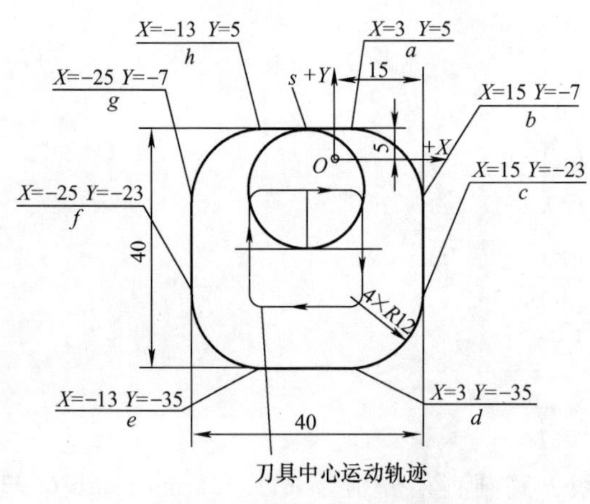

图 9-23　槽加工的刀具路径

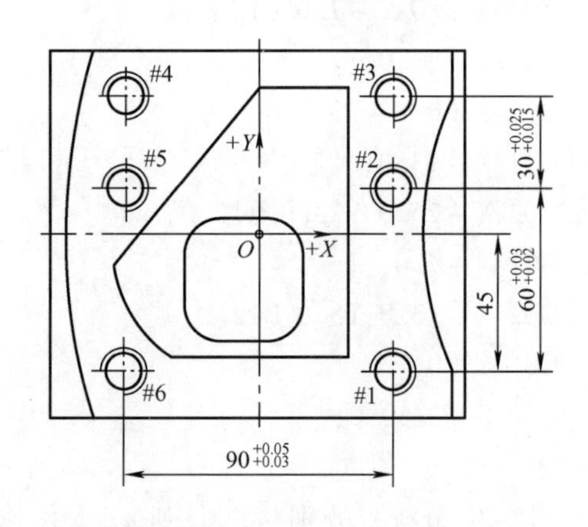

图 9-24　螺纹孔位示意图

注意：图 9-24 各螺纹孔的坐标位置取中间值编程。

9.5　配合件加工中心加工案例

图 9-25 所示的件一和件二分别为配合件中的凹、凸件，要求两件能顺利装配。下面介绍该配合件加工的工艺分析过程及程序编制步骤。

9.5.1　工艺分析

1. 数控铣削工艺性分析

从件一和件二可以看出，工件的加工轮廓主要由圆弧及直线构成，形状简单。该配合件除了外圆用普通车床加工以外，其余各加工部位均可作为数控铣削的工序内容。

工件的尺寸精度和表面精度要求不高，一般不难保证。构成该工件轮廓形状的各几何元素条件充分，无相互矛盾之处，有利于编程。工件的轮廓表面转接圆弧为 *R*6mm，该处的铣削工艺性尚可。件一和件二的底面没有圆角，可采用平底铣刀加工。外圆 ϕ60mm 可作为定位面来装夹工件。在加工中心加工工件之前，工件外圆先车削完毕、工件上下两平面在磨床

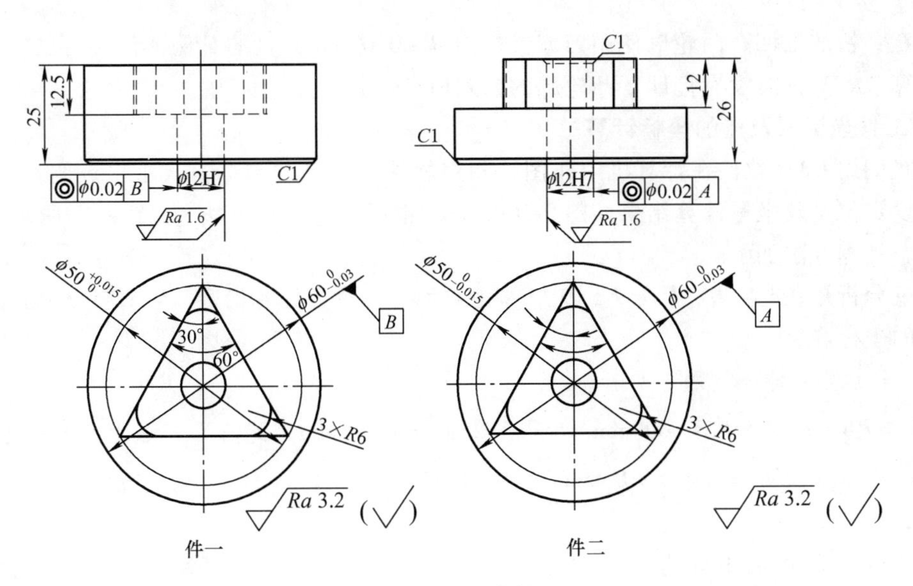

图 9-25　配合件

上磨削完毕。

工艺流程：

下料——→车床车削达到 $\phi60_{-0.02}^{\ 0}$mm 及保证长度——→平面磨床磨削上下面——→加工中心加工。

根据以上工艺流程，在加工中心上用自定心卡盘装夹工件，切削加工顺序安排为：

钻中心孔——→钻 ϕ12H7 孔——→铣三角形轮廓——→铰 ϕ12H7 孔。

2. 编制数控加工工序单

件一的工序单如表 9-9 所示，件二的工序单如表 9-10 所示。

表 9-9　件一的工序单

序号	加工面	刀具号	刀具类型	刀具长度	主轴转速/(r/min)	进给速度/(mm/min)	刀具半径偏置号	刀具偏置量/mm
1	钻中心孔	T1	ϕ3mm 中心钻	H1	900	100		
2	钻 ϕ12H7 孔	T2	ϕ11.2mm 钻头	H2	300	60		
3	粗加工凹槽轮廓	T3	ϕ10mm 铣刀	H3	700	130	D31	R+0.2
4	精加工凹槽轮廓	T4	ϕ10mm 铣刀	H4	800	120	D41	R+0.02
5	扩 ϕ12H7 孔	T5	ϕ11.8mm 扩孔刀	H5	350	60		
6	铰 ϕ12H7 孔	T6	ϕ12H7 铰刀	H6	300	30		

表 9-10　件二的工序单

序号	加工面	刀具号	刀具类型	刀具长度	主轴转速/(r/min)	进给速度/(mm/min)	刀具半径偏置号	刀具偏置量/mm
1	钻中心孔	T1	ϕ3mm 中心钻	H1	900	100		
2	钻 ϕ12H7 孔	T2	ϕ11.8mm 钻头	H2	300	60		
3	粗加工凸台轮廓	T3	ϕ16mm 铣刀	H3	400	60	D32 D33	R16 R8+0.2
4	精加工凸台轮廓	T4	ϕ16mm 铣刀	H4	400	60	D42	R+0.02
5	扩 ϕ12H7 孔	T5	ϕ11.8mm 扩孔刀	H5	350	60		
6	铰 ϕ12H7 孔	T6	ϕ12H7 铰刀	H6	300	30		

注意：精加工凹、凸轮廓使用刀偏置量为 $R+0.02\text{mm}$，目的是保证件一、二顺利配合，因为计算节点坐标时没有把凹、凸轮廓的公差值考虑在节点坐标内。

3. 工件坐标系及点的坐标计算

本案例用 CAD 软件在计算机中作图，利用软件查询点的坐标方式求出点的坐标。工件坐标系设定位置及坐标计算结果如图 9-26 所示。也可以用计算方法（如图 9-27 所示）求出点的坐标，计算方法如下。

通过分析知，A 与 B、C 与 F、D 与 E 是对称点，只要计算出 B、C、D 点坐标即可求出其他点的坐标。

（1）B 点坐标求解过程

$BB_2=BB_1\sin60°=R6\sin60°\text{mm}=6\times\sqrt{3}/2\text{mm}=5.196\text{mm}$，此值为 B 点距 Y 轴的距离。

$OB_2=OB_3-B_2B_3=OB_3-BB_2\tan60°=(50/25)\text{mm}-(6\times\sqrt{3}/2)\times\sqrt{3}\text{mm}=16\text{mm}$，此值为 B 点的 Y 坐标值。

由此可得 B 点的坐标为（-5.196，16）。因为 A 点与 B 点对称，所以 A 点的坐标为（5.196，16）。

（2）C 点坐标求解过程

因为 $\tan30°=CO_1/CC_3=R6/CC_3$，$\sin60°=CC_1/CC_3$，所以 $CC_1=R6\sin60°/\tan30°=9\text{mm}$。$C$ 点距 X 轴的距离为 $OB_4-CC_1=(12.5-9)\text{mm}=3.5\text{mm}$，即 C 点的 Y 坐标 $=-3.5\text{mm}$。

$C_3B_4=\sqrt{(OC_3)^2-(OB_2)^2}=\sqrt{25^2-12.5^2}\text{mm}=21.651\text{mm}$，因为 $CC_1/B_3B_4=C_1C_3/C_3B_4$，所以 $C_1C_3=CC_1\times C_3B_4/B_3B_4=(CC_1\times C_3B_4)/(\tan30°C_3B_4)=5.196\text{mm}$。

综上，C 点距 Y 轴的距离为 $(21.651-5.196)\text{mm}=16.455\text{mm}$。即 C 点坐标为（-16.454，-3.5），F 点坐标则为（16.454，-3.5）。

（3）D 点坐标求解过程

$DB_4=C_3B_4-C_3D=R25\cos30°-R6/\tan30°=25\times\sqrt{3}/2\text{mm}-6/(\sqrt{3}/3)\text{mm}=11.259\text{mm}$，此值为 D 点距 Y 轴的距离。

$OB_4=OC_3\sin30°=(50/2)\times(1/2)\text{mm}=12.5\text{mm}$，此点为 D 点距 X 轴的距离。

即 D 点坐标为（-11.259，-12.5），所以 E 点的坐标则为（11.259，-12.5）。

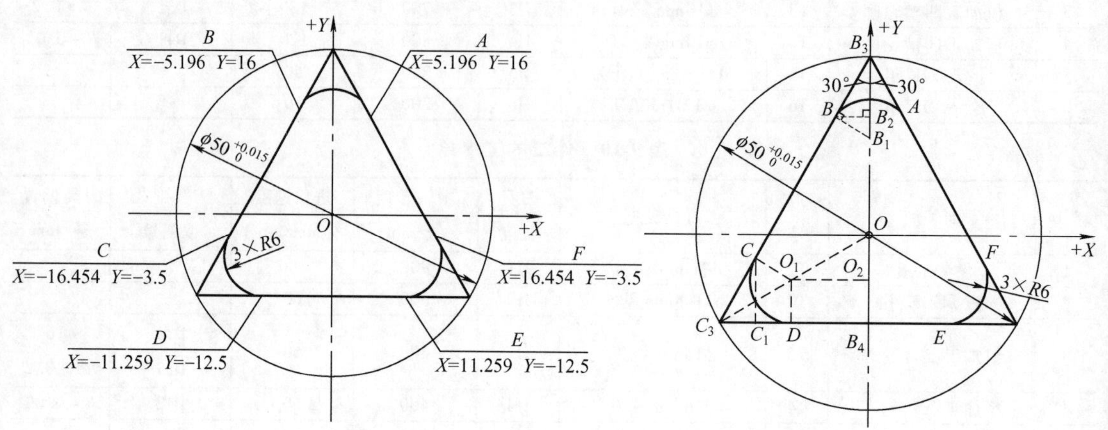

图 9-26　节点坐标示意图

图 9-27　计算法辅助线示意图

9.5.2 程序编制

1. 件一的程序

件一加工程序如 O0011 所示。

```
O0011;
N0100 G91 G28 Z0;
T1 M06;
G54 G90 G49 G80 G40;
M03 S900;
G43 Z0 Z50.0 H01;
G98 G81 X0 Y0 Z-3.0 F100.0;
G80;
N0200 G91 G28 Z0;
T2 M06;
M03 S300;
G90 G43 G00 Z50.0 H02;
G98 G83 X0 Y0 Z-28.0 Q3.0 F60.0;（Z向零点在工件顶面处）
G80;
N0300 G91 G28 Z0;
T3 M06;
M03 S700;
G90 G43 G00 Z50.0 H03;
X0 Y0;
G01 Z-6.3 F130.0;
D31 P1111;
G01 Z-12.3 F130.0;
D31 P1111;
N0400 G91 G28 Z0;
T4 M06;
M03 S800;
G90 G43 G00 Z50.0 H04;
X0 Y0;
G01 Z-12.5 F120.0;
D41 P1111;
G91 G28 Z0;
T5 M06;
M03 S350;
G90 G43 G00 Z50.0 H05;
G98 G81 X0 Y0 Z-30.0 F60.0;
```

```
G80;
G91 G28 Z0;
T6 M06;
M03 S300;
G90 G43 G00 Z50.0 H06;
G98 G81 X0 Y0 Z-30.0 F30.0;
G80;
M05;
M30;
O1111;
G90 X0 Y-4.5 F100.0;                (1)
G41 X8.0;                           (2)
G02 X0 Y-12.5 R8.0;                 (3)
G01 X-11.259;                       (4)
G02 X-16.455 Y-3.5 R6.0;            (5)
G01 X-5.169 Y16.0;                  (6)
G02 X5.196 Y16.0 R6.0;              (7)
G01 X16.455 Y-3.5;                  (8)
G02 X11.259 Y-12.5 R6.0;            (9)
G01 X0 Y-12.5;                      (m)
G02 X-8 Y-4.5 R8.0;                 (10)
G40 G00 X0 Y0;                      (0)
Z5.0;
M99;
```

件一凹槽轮廓的刀具路径：采用切向切入与切出工件，设计一个 $R8$mm 的内切圆，刀具切入与切出沿此圆进行，其刀具路径如图 9-28 所示。图中的双点画线部分为精加工时刀具中心运动轨迹，轨迹为 1-2-3-4-5-6-7-8-9-m-10-O。

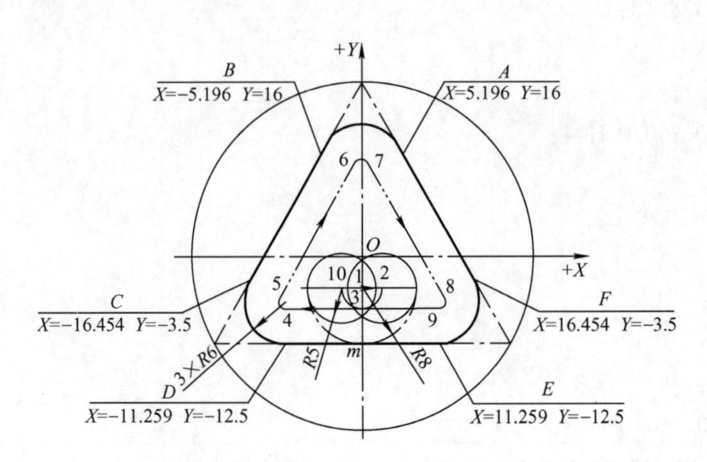

图 9-28　件一凹槽加工的刀具路径

2. 件二的程序

件二加工程序如 O2222 所示。

```
O2222;
N0100 G91 G28 Z0;
T1 M06;
G54 G90 G49 G80 G40;
M03 S900;
G43 Z00 Z50.0 H01;
G98 G81 X0 Y0 Z-3.0 F100.0;
G80;
N0200 G91 G28 Z0;
T2 M06;
M03 S300;
G90 G43 G00 Z50.0 H02;
G98 G83 X0 Y0 Z-30.0 Q3.0 F60.0;
G80;
N0300 G91 G28 Z0;
T3 M06;
M03 S400;
G90 G43 G00 Z50.0 H03;
G00 X0 Y-39.0; (9)
Z-12.0;
D32 P500;
G00 X0 Y-39.0;
Z-6.0;
D33 P500;
N0400 G91 G28 Z0;
T4 M06;
M03 S400;
G90 G43 G00 Z50.0 H04;
X0 Y-39.0;
Z-12.0;
D42 M98 P500;
N0500 G91 G28 Z0;
T5 M06;
M03 S350;
G90 G43 G00 Z50.0 H05;
G98 G81 X0 Y0 Z-32.0 F60.0;
G80;
```

```
N0500 G91 G28 Z0;
T6 M06;
M03 S300;
G90 G43 G00 Z50.0 H06;
G98 G81 X0 Y0 Z-32.0 F30.0;
G80;
M05;
M09;
M30;
O500;
G42 X-26.5 Y-39.0;                    (9)
G02 X0 Y-12.5 R26.5 F60.0;            (2)
G01 X11.259;                          (8)
G03 X16.454 Y-3.5 R6.0;               (7)
G01 X5.196 Y16.0;                     (6)
G03 X-5.196 Y16.0 R6.0;               (5)
G01 X-16.454 Y-3.5;                   (4)
G03 X-11.259 Y-12.5 R6.0;             (3)
G01 X0 Y-12.5;                        (2)
G02 X26.5 Y-19 R26.5;                 (1)
G40 G00 Z100.0;
M99;
```

件二凸台轮廓刀具路径：采用切向切入与切出工件，设计一个 $R26.5\text{mm}$ 的外切圆，刀具切入与切出沿此圆进行，其刀具路径如图 9-29 所示。图中的双点画线部分为精加工时刀具中心运动轨迹，轨迹为 9-2-8-7-6-5-4-3-2-1。

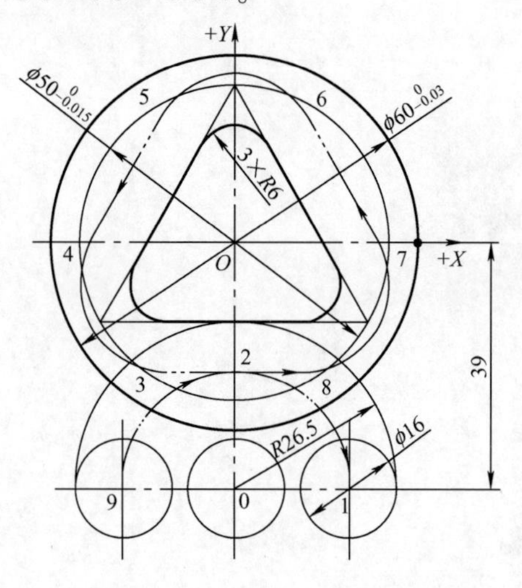

图 9-29　件二凸台加工的刀具路径

第 2 部分　数控铣削程序编制辅助学习资料

第 10 章　数控铣削概述

目前国内外发展起来的数控加工中心、柔性制造单元等都是在数控铣床的基础上产生的，两者都离不开铣削加工方式。数控铣削工艺复杂，需要解决的技术问题也最多，人们在研究和开发数控系统时，一直把铣削加工作为重点。

10.1　数控铣床简介

1. 数控铣床分类

（1）立式数控铣床　立式数控铣床的主轴轴线垂直于水平面。立式数控铣床应用范围较广，其形式有多种：小型立式数控铣床一般采用工作台移动、升降及主轴不动的方式；中型立式数控铣床一般采用纵向和横向工作台移动方式，主轴沿垂向上下移动方式；大型立式数控铣床一般采用龙门架移动方式，其主轴可以在龙门架的横向与垂直方向上运动，而龙门架可沿着床身作纵向运动。从数控系统控制的坐标数量来看，目前 3 轴数控铣床占多数，还有 4 轴、5 轴数控铣床。数控机床控制的坐标轴越多，机床的功能、加工范围及可选择的加工对象也越多，但随之而来的是机床结构复杂，编程难度加大，设备价格也更高。

为了扩大数控铣床的加工范围及加工对象，也可以在数控铣床上附加数控转台。转台水平放置时，可增加一个 *C* 轴；转台垂直放置时，可增加一个 *A* 轴或 *B* 轴。

（2）卧式数控铣床　与通用卧式铣床相同，卧式数控铣床的主轴轴线平行于水平面。卧式数控铣床通常采用数控转盘来实现 4 轴或 5 轴加工，这样，可以实现工件在一次安装中，通过转盘转换工件，进行工件的四面加工。

图 10-1 ~ 图 10-5 为数控铣床坐标轴的示意图。

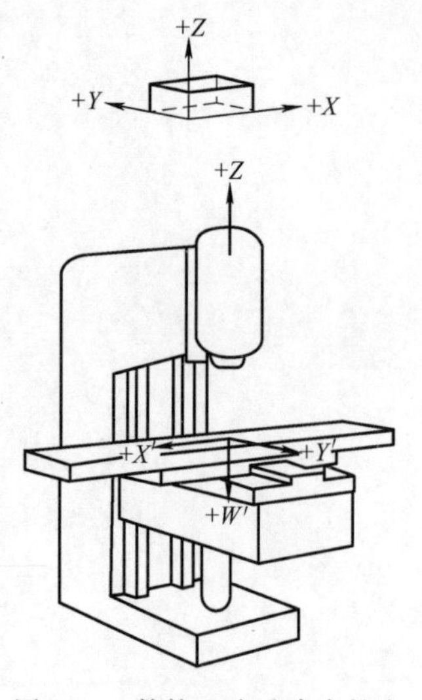

图 10-1　数控立式升降台铣床

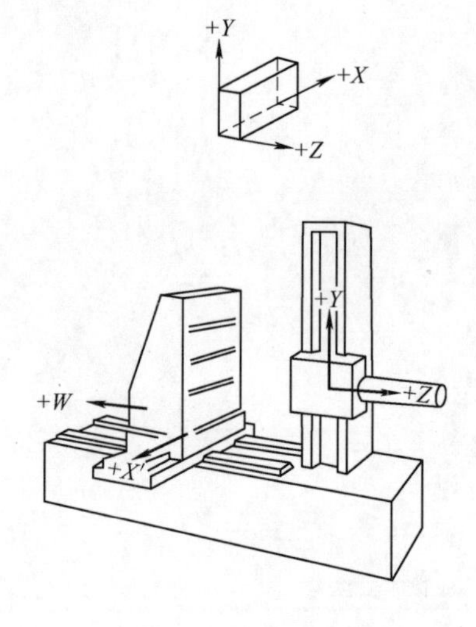

图 10-2　数控卧式铣镗床

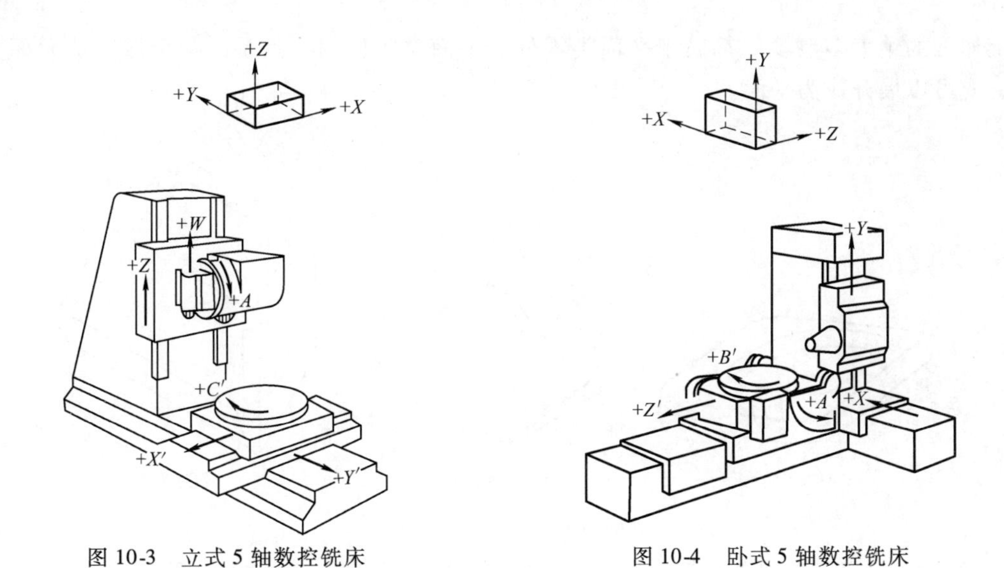

图 10-3　立式 5 轴数控铣床

图 10-4　卧式 5 轴数控铣床

（3）立卧两用数控铣床　立卧两用数控铣床的主轴方向可以变换，能做到在一台机床上既可以进行立式加工，又可以进行卧式加工，同时兼备立式与卧式两类机床的功能，使用范围更广，如图 10-6 所示。

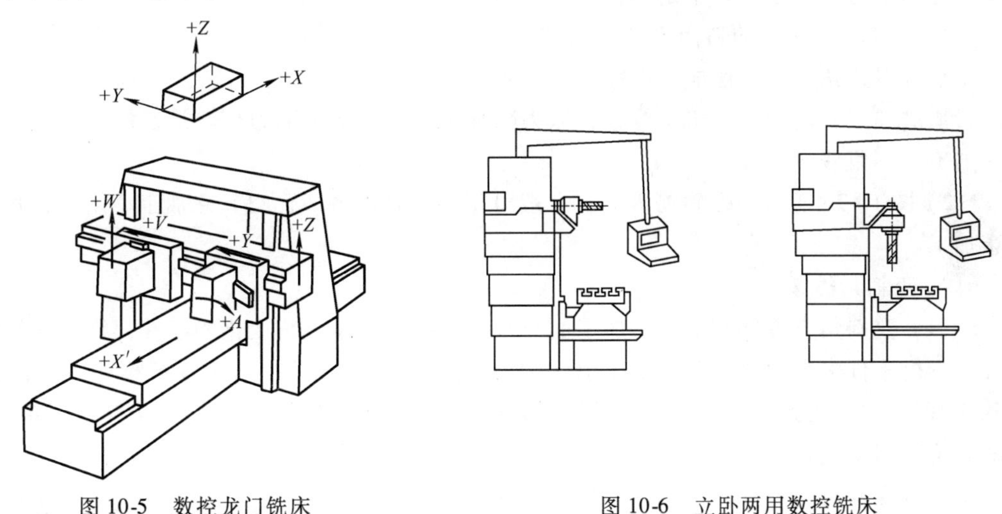

图 10-5　数控龙门铣床

图 10-6　立卧两用数控铣床

2. 数控铣床的主要功能

数控铣床的主要功能包括：铣削加工，孔及螺纹加工，刀具半径及刀具长度补偿功能，米制、寸制转换功能，绝对坐标与增量坐标编程功能，进给速度、主轴转速调整功能，固定循环功能，工件坐标系设定及子程序功能等。

10.2　数控铣床的主要加工对象

1. 平面类零件

（1）平面类零件的定义及特点　被加工面平行、垂直于水平面或被加工面与水平面的夹角为定角的零件，称为平面类零件。图 10-7 所示的三个零件都属于平面类零件。在数控铣床上加工的绝大多数零件都属于平面类零件。平面类零件的特点是，各个加工单元面是平面，或可以展开成为平面。

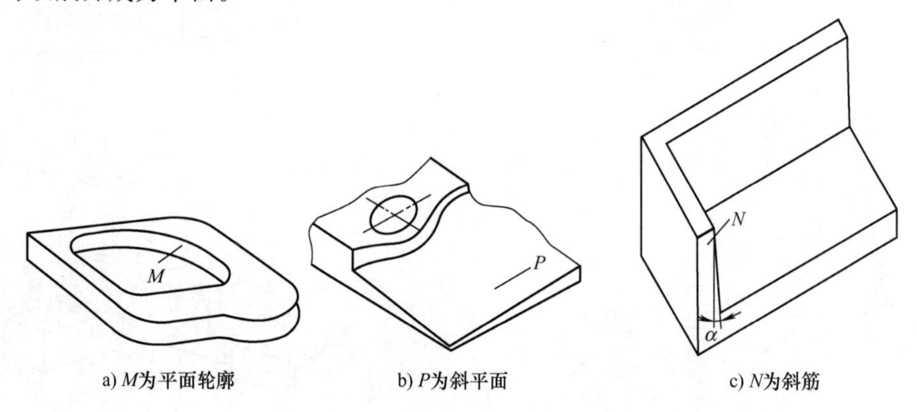

a) M为平面轮廓　　b) P为斜平面　　c) N为斜筋

图 10-7　典型的平面零件

(2) 加工平面类零件的数控铣床　平面类零件是数控铣削加工对象中最简单的一类，一般只需3轴数控铣床的两个轴联动(或2.5个轴联动)方式就可以把它们加工出来，如图10-7a所示。

(3) 平面类零件的斜面加工方法　某些平面类零件的某些加工单元面与水平面既不垂直，也不平行，而是呈一个定角，这种斜面的常规加工方法如下：

1) 图10-7b所示的斜面零件，当零件尺寸不大时，可用斜垫板垫平之后再加工；如机床主轴可以摆角，则可摆成与平面垂直的定角加工。当零件尺寸较大，斜面坡度又较小时，用行切法加工，之后再用钳工修整，以去除加工面上留下来的刀痕。最好的方案是用5轴机床加工，不留残痕。

2) 图10-7c所示的带斜筋零件，一般可用专用角度的成形刀具来加工，也可以用5轴机床加工。

2. 变斜角类零件

(1) 变斜角类零件的定义　加工面与水平面的夹角呈连续变化的零件，称为变斜角类零件，飞机零件多数为此类型。如图10-8所示的变斜角零件，在第2段至第5段之间的斜角从3°10′均匀变化到2°32′，从第5段至第9段斜角均匀变化到1°20′，从第9段至第12段之间斜角均匀变化到0°。

(2) 变斜角类零件的特点　变斜角类零件的加工面不能展开为平面，在加工过程中，加工面与铣刀圆周接触的瞬间为一条线。

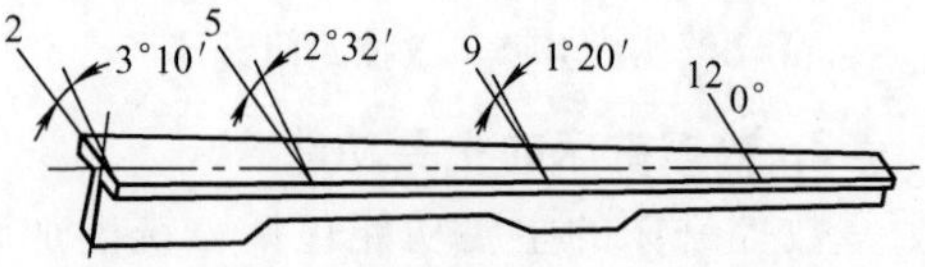

(3) 加工变斜角类零件的数控机床　最好采用4轴或5轴数控铣床加工变斜角类零件。在没有上述机床时，可采用3轴数控铣床，进行2.5轴近似加工，此时需要配合使用CAD/CAM软件。

图 10-8　飞机上的变斜角零件

(4) 变斜角类零件的主要加工方法

1) 对曲率变化较小的变斜角加工面，用4轴联动(X、Y、Z和A)数控铣削方式加工，刀具为圆柱形立铣刀，如图10-9a所示。

2) 对曲率变化较大的变斜角加工面，用4轴联动方式难以满足加工要求，最好采用5轴联动(X、Y、Z、A和B或C)的数控铣削方式，如图10-9b所示。

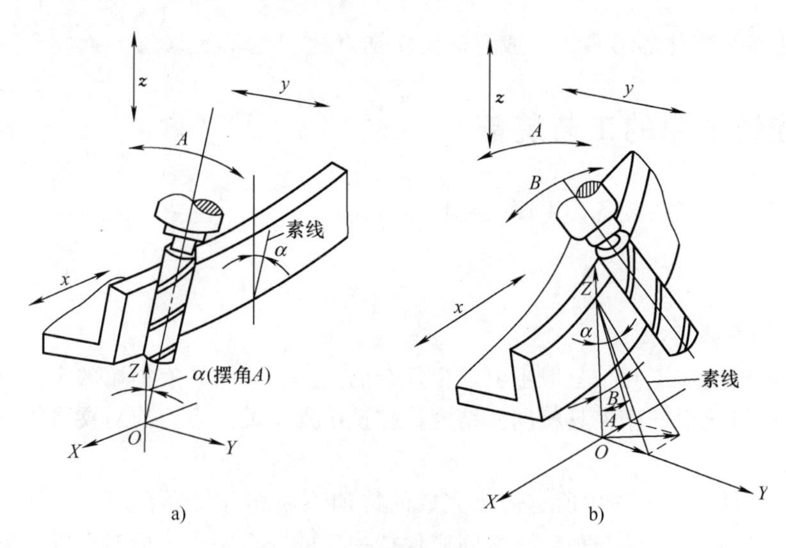

图 10-9　4 轴、5 轴数控铣床加工变斜角零件

3）用 3 轴数控铣床进行 2. 5 轴加工，刀具为球头立铣刀和鼓形立铣刀，以直线或圆弧插补方式分层铣削，如图 10-10 所示。残留痕迹用钳工去除。

3. 曲面类零件

（1）曲面类零件的定义　被加工面为空间曲面的零件称为曲面类零件。

（2）曲面类零件的特点　曲面类零件的加工面不能展开为平面，加工时，加工面与铣刀始终为点接触。

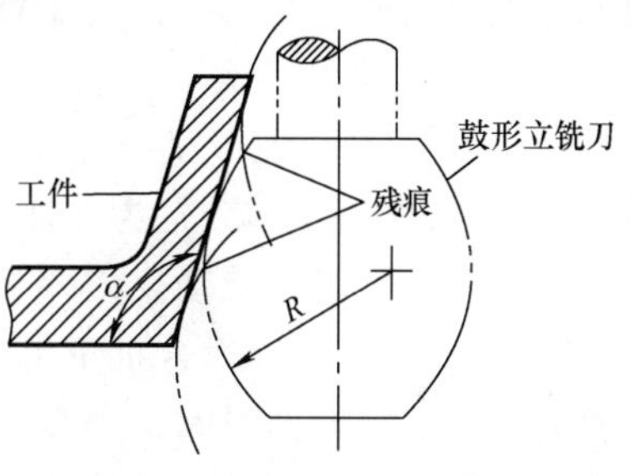

（3）加工曲面类零件的数控铣床　常用 2. 5 轴联动数控铣床来加工精度要求不高的曲面；精度要求高的曲面类零件一般采用 3 轴联动数控铣床加工；当曲面较复杂、通道较狭窄、会伤及相邻表面时，要采用 4 轴甚至 5 轴联动数控铣床加工。

图 10-10　鼓形立铣刀分层铣削变斜角面

（4）曲面的主要加工方法

1）采用 3 轴数控铣床的 2. 5 轴方式加工，即加工时只有两个坐标联动，另一个坐标按一定行距作周期性进给运动。这种方法常用于精度要求不高或曲面不太复杂的零件加工。图 10-11 所示为对曲面进行 2. 5 轴行切法的切削点轨迹。

2）采用 3 轴数控铣床 3 轴联动方式加工空间曲面。图 10-12 所示为对曲面进行 3 轴联动行切法的切削点轨迹。

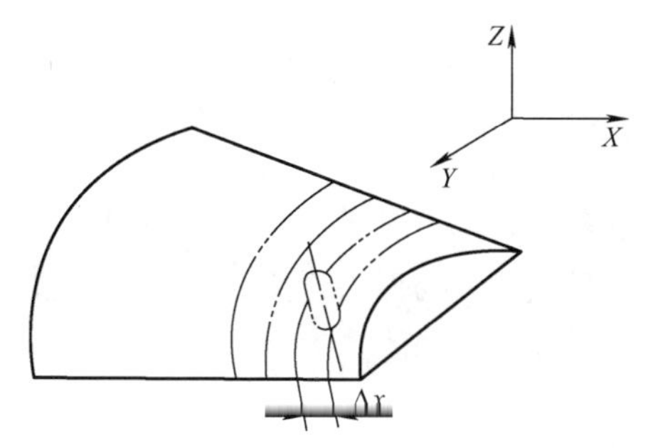

图 10-11　2. 5 轴行切法的切削点轨迹

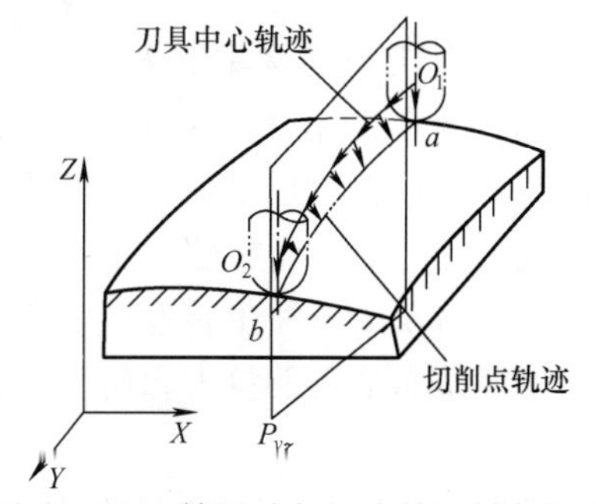

图 10-12　3 轴联动行切法的切削点轨迹

3）加工曲面类零件的刀具，一般为球头立铣刀。

10.3 数控铣削用的工艺装备

数控铣削所用的工艺装备，主要是夹具与刀具。

10.3.1 夹具

1. 对夹具的基本要求

实际上数控铣削加工时，一般不要求很复杂的夹具，只要求有简单的定位、夹紧机构就可以了，其原理与通用铣床夹具相同。结合数控铣削加工的特点，应对夹具提出以下几点要求：

1）为保持工件在本工序中所有需要完成的待加工面充分暴露在外，夹具要做得尽可能开敞。因此，夹紧机构元件与加工面之间应保持一定的安全距离，同时要求夹紧机构元件能低则低，以防止夹具与铣床主轴、刀具在加工过程中发生碰撞。

2）夹具的刚性与稳定性要好。尽量不采用在加工过程中更换夹紧点的设计，一定要在加工过程中更换夹紧点时，要注意不能因更换夹紧点而破坏夹具或工件的定位精度。

2. 常用夹具的种类

1）万能组合夹具，适合于小批量生产。

2）专用铣削夹具，是为零件的某一道加工工序而设计制造的，适合于大批量生产，能降低劳动强度、提高劳动生产率、获得较高的加工精度。

3）多工位夹具，适合批量生产。可以同时装夹多个工件，便于一边加工，一边装卸工件，有利于缩短辅助时间，提高生产率。

4）其他的通用夹具，如机用虎钳、分度头及自定心卡盘等。

3. 数控铣削夹具的选择原则

在选用夹具时，应参照下列原则：

1）在生产量小或研制时，应尽量采用万能组合夹具。

2）小批量或成批生产时可考虑采用专用夹具，但应尽量简单。

3）在生产批量较大时可考虑采用多工位夹具和气动、液压夹具。

10.3.2 刀具

本节只介绍数控铣削刀具，其他刀具可参照相关材料。

1. 数控铣削刀具的基本要求

（1）铣刀刚性要好　目的有二：一是为提高生产率而采用大切削用量的需要；二是为适应数控铣床加工过程中难以调整切削用量的特点。

（2）铣刀的寿命要高　当一把铣刀加工的内容很多时，如刀具不耐用而磨损很快，就会影响工件的表面质量与加工精度，而且会增加换刀引起的调刀与对刀次数，也会使工件表面留下因对刀误差而形成的接刀台阶，降低了工件的表面质量。

2. 常用铣刀种类

（1）面铣刀（或盘铣刀）　一般在盘状刀体上机夹刀片或刀头，主要用于端铣较大的平面，面铣刀如图 10-13 所示。

（2）立铣刀　广泛用于平面类零件加工，如图 10-14 所示。圆柱表面(主切削刃)及端面上有切削刃，两刃可同时切削，也可分开切削。立铣刀不能作轴向进给，原因是中心无切削刃，刀具端面用来成形工件底部与侧面相垂直的底平面。

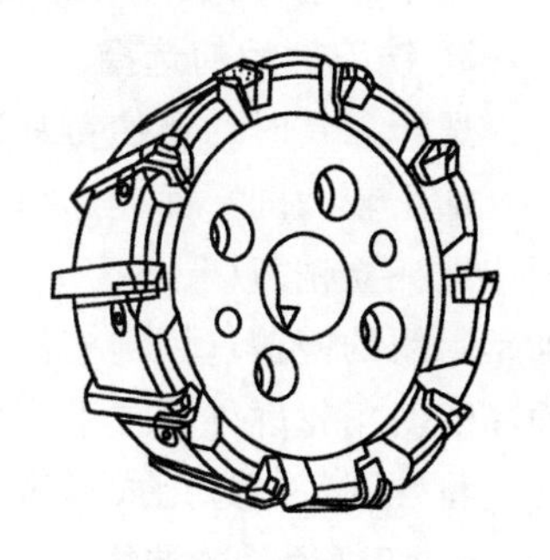

图 10-13　面铣刀

（3）成形铣刀　一般都是专门设计制造的，适用于加工平面类零件的特定形状。

（4）鼓形立铣刀　图 10-15 所示的是一种鼓形立铣刀，它的切削刃分布在半径为 R 的圆弧面上，端面无切削刃。加工时控制刀具上下位置，相应改变切削刃的切削部位，可以在工件上切出从负到正的不同斜角。R 越小，鼓形立铣刀所能加工的斜角范围越广，但所获得的表面质量也越差。鼓形刀具的缺点是刃磨困难，切削条件差，而且不适于加工有底的轮廓表面，主要用于对变斜角面的近似加工。

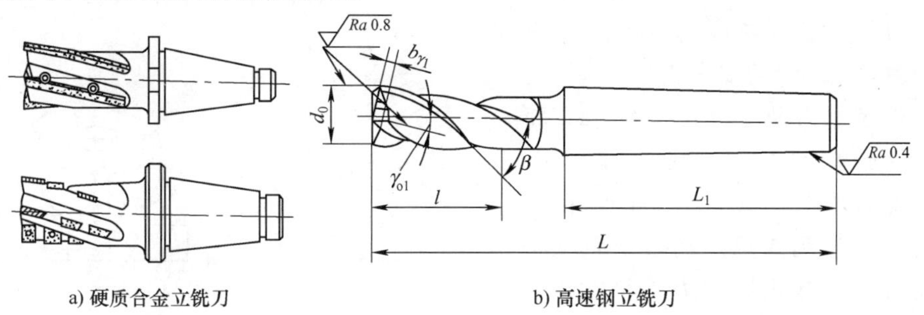

a) 硬质合金立铣刀　　b) 高速钢立铣刀

图 10-14　常见立铣刀

（5）球头立铣刀　图 10-16 所示为球头立铣刀，主要适用于加工空间曲面零件。

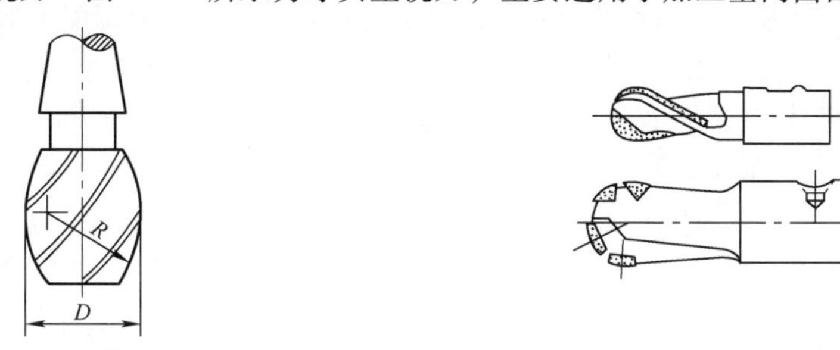

图 10-15　鼓形立铣刀　　图 10-16　球头立铣刀

（6）键槽铣刀　图 10-17 所示为键槽铣刀，它有两个刀齿，圆柱面和端面都有切削刃，端面刃延至中心，兼有立铣刀和钻头的功能。用键槽铣刀铣削键槽时，先轴向进给达到槽深，然后沿键槽方向铣出键槽全长。由于切削力引起刀具和工件的变形，一次走刀铣出的键槽形状误差较大，槽底一般不是直角。为此，通常采用两步法铣削键槽，

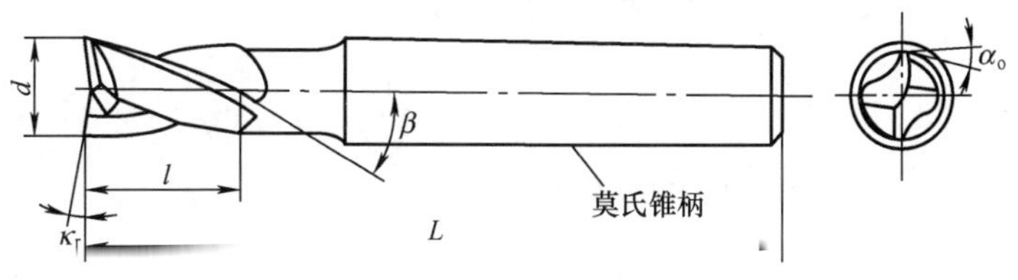

图 10-17　键槽铣刀

即先用小号铣刀粗加工出键槽，然后以逆铣方式精加工四周，可得到真正的直角。

3. 铣刀类型的选择

选择刀具时，要使刀具的尺寸与被加工工件的表面尺寸和形状相适应。

加工较大的平面应选择面铣刀(盘铣刀)；加工平面零件周边轮廓、凹槽、较小的台阶面应选择立铣刀(端铣刀)；加工空间曲面、模具型腔或凸模成形表面等多选用球形立铣刀；加工封闭的键槽选用键槽铣刀；加工变斜角零件的变斜角面应选用鼓形立铣刀；加工立体型面和变斜角轮廓外形常采用球头立铣刀、鼓形立铣刀；加工各种直的或圆弧形的凹槽、斜角面、特殊孔等应选用成形铣刀。

4. 切削用量的选择

(1) 背吃刀量和铣削宽度　如图 10-18 所示，背吃刀量 a_p 为平行于铣刀轴线测量的切削层尺寸，单位为 mm。端铣时，a_p 为切削层深度；而周边铣时，a_p 为被加工表面的宽度。铣削宽度 a_w 为垂直于铣刀轴线测量的切削层尺寸，单位为 mm。端铣时，a_w 为被加工表面宽度；而周边铣削时，a_w 为切削层深度。

背吃刀量和铣削宽度的选取主要由加工余量和对表面质量的要求决定。

在工件表面粗糙度值要求为 Ra12.5 ~ 25μm 时，如果周边铣的加工余量小于 5mm，端铣的加工余量小于 6mm，粗铣一次进给就可以达到要求。在余量较大，工艺系统刚性较差或机床动力不足时，可分两次进给完成。

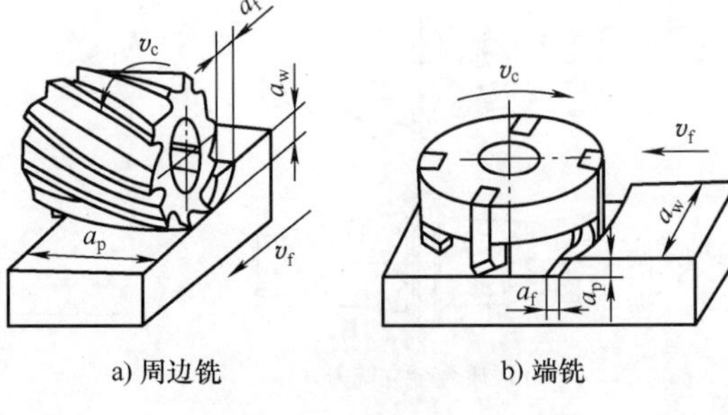

图 10-18　背吃刀量图示

在工件表面粗糙度值要求为 Ra3.2 ~ 12.5μm 时，可分粗铣和半精铣两步进行。粗铣时背吃刀量和铣削宽度选取同前。粗铣后留 0.5 ~ 1.0mm 余量，在半精铣时切除。

在工件表面粗糙度值要求为 Ra0.8 ~ 3.2μm 时，可分粗铣、半精铣、精铣三步进行。半精铣时背吃刀量和铣削宽度取 1.5 ~ 2mm；精铣时周边铣铣削宽度取 0.3 ~ 0.5mm。

(2) 进给速度 进给速度 v_f　是单位时间内工件与铣刀沿进给方向的相对位移，单位为 mm/min。它与铣刀转速 n、铣刀齿数 z 及每齿进给量 f_z(单位为 mm/z)的关系为

$$v_f = f_z z n$$

每齿进给量 f_z 的选取主要取决于工件材料的力学性能、刀具材料、工件表面粗糙度要求等因素。工件材料的强度和硬度越高，f_z 越小；反之则越大。硬质合金铣刀的每齿进给量高于同类高速钢铣刀。工件表面粗糙度要求越高，f_z 就越小。工件刚性差或刀具强度低时，应取小值。

(3) 切削速度　铣削的切削速度计算公式为

$$v_c = \frac{C_V d^q}{T^m f_z^{y_V} a_p^{x_V} a_e^{p_V} Z^{x_V} 60^{1-m}} k_V$$

式中　　C_V、k_V——系数；

m、y_V、x_V、p_V、q——指数；

T——铣刀寿命，与铣刀种类有关。

式中的系数及指数是经过试验求出的，可参考有关切削用量手册选用。切削速度一般通过计算、查表及经验法得到。

10.4 数控铣削的工艺性分析要点

1. 选择并确定数控铣削加工部位及工序内容

（1）推荐下列加工内容作为数控铣削加工的主要对象

1）工件上的曲线轮廓，特别是由数学表达式给出的曲线轮廓。

2）已给出数学模型的空间曲线。

3）形状复杂、尺寸繁多、划线与检测困难的部位。

4）用通用铣床加工时难以观察、测量和控制进给的内、外凹槽。

5）可成倍提高生产效率，大大减轻体力劳动的加工内容。

（2）下列加工内容建议不采用数控铣削加工

1）长时间占机和人工调整的粗加工内容。

2）毛坯上的加工余量不太充分或不太稳定的部位。

3）简单的粗加工面。

2. 零件的工艺性分析

（1）零件图样　应分析零件图样尺寸标注是否方便编程，构成工件轮廓图形的各种几何元素（点、线、面）的条件是否充要，各几何元素的相互关系（如相切、相交、垂直和平行等）是否明确，有无引起矛盾的多余尺寸或影响工序安排的封闭尺寸等。

（2）保证获得要求的加工精度　检查零件的加工要求，如尺寸精度、几何公差及表面粗糙度在现有的加工条件下是否可以得到保证，是否还有更经济的加工方法或方案。对一些特殊情况，如面积较大的薄板，当其厚度小于3mm时，应在工艺上充分重视。

（3）尽量统一零件轮廓内圆弧的有关尺寸　图10-19所示为肋板高度与内孔转接圆弧对零件铣削工艺性的影响。内槽圆弧半径 R 的大小决定着刀具直径的大小，所以内槽圆弧半径 R 不应太小。一般，当 $R<0.2H$（H 为被加工轮廓面的最大高度）时，可以判定零件上该部位的工艺性不好。图10-20所示为零件底面与肋板的转接圆弧对零件铣削工艺性的影响。铣削槽底平面时，槽底面圆角或底板与肋板相交处的圆角半径 r 不要过大。因为铣刀与铣削平面接触的最大直径 $d=D-2r$（D 为铣刀直径），当 D 越大而 r 越小时，铣刀端刃铣削平面的面积越大，加工平面的能力越强，铣削工艺性当然也越好。

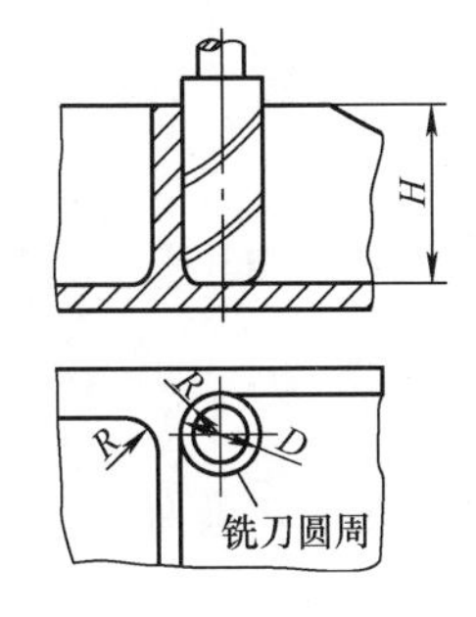

图10-19　R 与 H 的关系

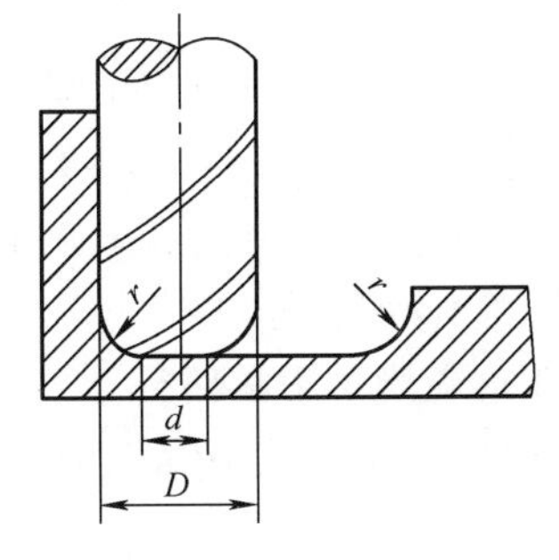

图10-20　D 与 r 的关系

（4）分析零件的形状及原材料的热处理状态　分析零件会不会在加工过程中变形，哪些部位容易变形，考虑采取必要的工艺措施进行预防。

3. 零件毛坯的工艺性分析

（1）毛坯应有充分的加工余量，稳定的质量　毛坯主要指锻、铸件。模锻时的欠压量与允许的错模量会造成余量不等，铸造时也会因砂型误差、收缩量及金属液体的流动性差不能充满型腔等造成余量不等。

（2）分析毛坯在安装定位方面的适应性　主要考虑毛坯在加工时定位和夹紧的可靠性与方便性，以便充分发挥数控铣削的特点，在一次安装中加工出较多待加工面。对于不便装夹的毛坯，可考虑在毛坯上另外增加装夹余量或工艺凸台来定位与夹紧，也可以制出工艺孔或另外准备工艺凸耳来作为定位基准。

（3）分析毛坯的余量大小及均匀性　尽量统一零件轮廓内圆弧的有关尺寸。

10.5　刀具路径的确定

1. 顺铣和逆铣的选择

（1）顺铣和逆铣　如图 10-21 所示，主轴旋转方向与工作台进给方向相同，为顺铣，反之为逆铣。

（2）顺铣和逆铣的选用　当工件表面无硬皮，机床进给机构无间隙时，应选用顺铣。因为采用顺铣加工后，零件已加工表面质量好，刀齿磨损小。精铣时，尤其是零件材料为铝镁合金、钛合金或耐热合金时，应尽量采用顺铣。当工件表面有硬皮，机床的进给机构有间隙时，应选用逆铣。因为逆铣时，刀齿是从已加工表面切入，不会崩刀；机床进给机构的间隙不会引起振动和爬行。

2. 铣削外轮廓的刀具路径

（1）铣削平面零件外轮廓时，一般采用立铣刀侧刃切削　刀具切入工件时，应避免沿零件外轮廓的法向切入，而应沿外轮廓曲线延长线的切向切入工件，以避免在切入处产生刀具的刻痕而影响表面质量。在切离工件时，也应避免在切削终点处直接抬刀，要沿着轮廓曲线延长线的切向切离工件。图 10-22 为外轮廓加工的切入示意图。

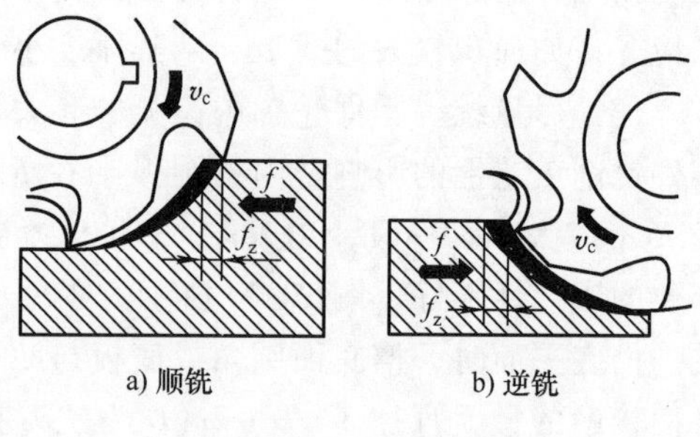

图 10-21　顺铣和逆铣

（2）切向切入与切出　当用圆弧插补方式铣削外整圆时，要安排刀具从切向进入圆周铣削加工。当整圆加工完毕后，不要在切点处直接退刀，而应让刀具沿切线方向多运动一段距离，以免取消刀补时，刀具与工件表面相碰，造成工件报废。图 10-23 所示为整圆外轮廓加工的切入与切出示意图。

3. 铣削内轮廓的刀具路径

（1）非圆类封闭内轮廓表面铣削的刀具路径　铣削封闭的内轮廓表面，若内轮廓曲线不允许外延，刀具只能沿内轮廓曲线的法向切入、切出，此时刀具的切入、切出点应尽量选在内轮廓曲线两几何元素的交点处。当内部几何元素相切无交点时，为防止刀补取消时在轮廓

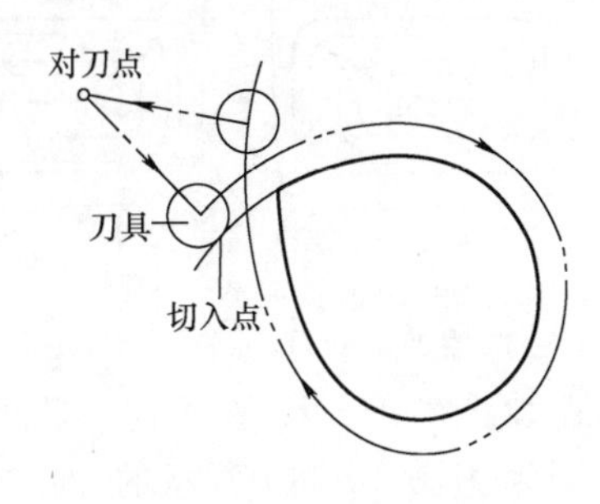

图 10-22　外轮廓加工的刀具切入示意图

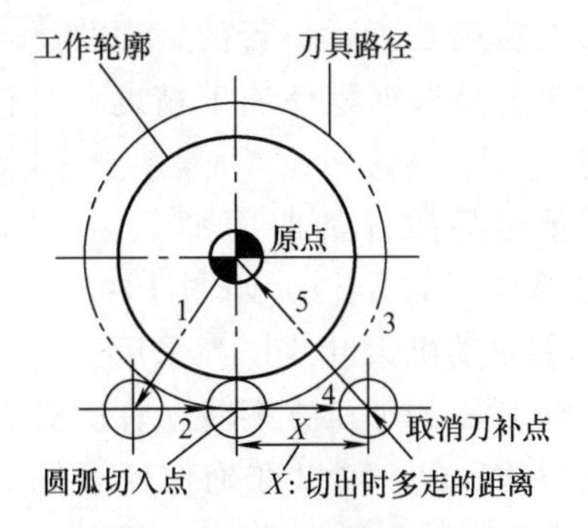

图 10-23　外圆铣削示意图

拐角处留下凹口，刀具切入、切出点应远离拐角，如图 10-24、图 10-25 所示。

（2）圆类封闭内轮廓表面铣削的刀具路径　当用圆弧插补铣削内圆弧时，也要遵循从切向切入、切出的原则，最好安排从圆弧过渡到圆弧的加工路线，提高内孔表面的加工精度和质量，如图 10-26 所示。

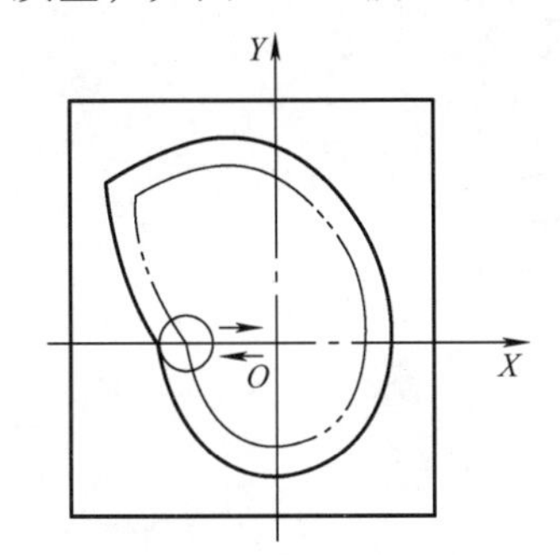

图 10-24　内轮廓加工的刀具的切入和切出示意图

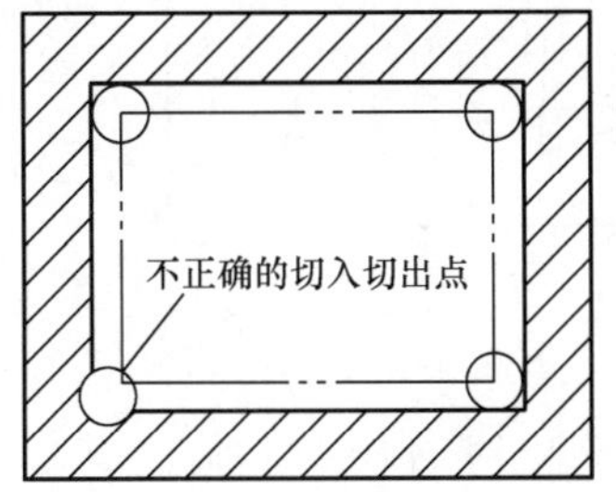

图 10-25　无交点的内轮廓加工刀具的切入和切出示意图

4. 铣削内槽的刀具路径

所谓内槽是指以封闭曲线为边界的平底凹槽。内槽一律用平底立铣刀加工，刀具圆角半径应符合内槽的图样要求。图 10-27 所示为加工内槽的三种刀具路径，分别为用行切法（图 10-27a）和环切法（图 10-27b）。行切法的刀具路径比环切法短，但行切法将在每两次进给的起点与终点间留下残留面积，而达不到所要求的表面粗糙度；用环切法获得的表面粗糙度要好于行切法，但环切法需要逐次向外扩展轮廓线，刀位点计算稍微复杂一些。采用图 10-27c 所示的刀具路径，即先用行切法切去中间部分余量，最后用环切法环切一刀光整轮廓表面，总的刀具路径较短，能获得较好的表面粗糙度。由此可见，三种方案，图 10-27a 最差，图 10-27c 最好。

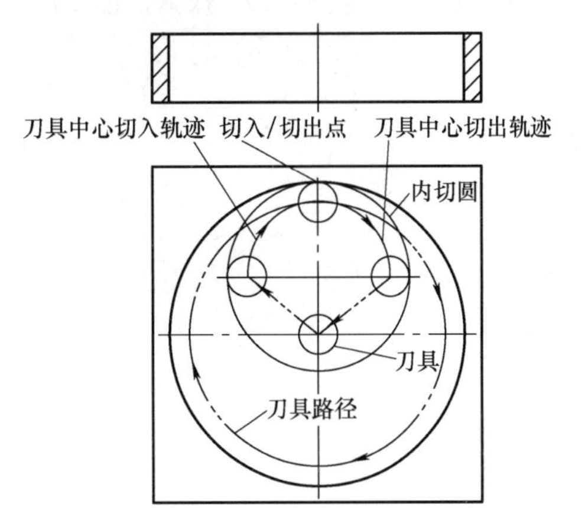

图 10-26　内圆铣削示意图

5. 铣削曲面的刀具路径

铣削曲面时，常用球头立铣刀采用“行切法”进行加工。所谓行切法是指刀具与零件轮廓的切点轨迹是一行一行的，而行间的距离是根据零件加工精度确定的。

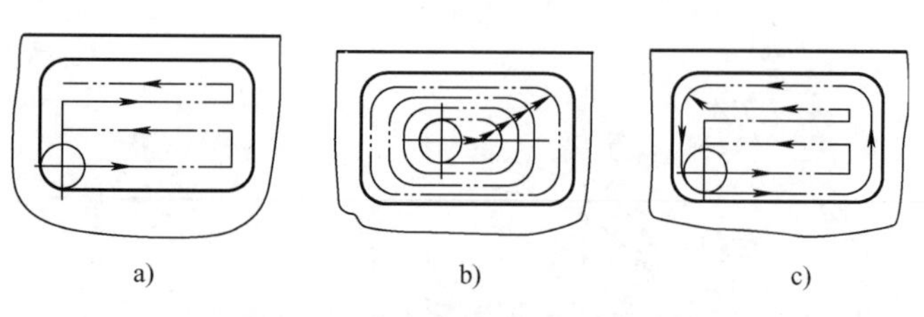

图 10-27　凹槽加工的刀具路径

对于边界敞开的曲面加工，可采用两种刀具路径。如图 10-28 所示的发动机大叶片，当采用图 10-28a 所示的加工方案时，每次沿直线加工，刀位点计算简单，程序简单，加工过程符合直纹面的形成，可以准确保证素线的直线度公差。当采用图 10-28b 所示的加工方案时，符合这类零件数据给出情况，便于加工后检验，叶形的准确度较高，但程序较复杂。由于曲面零件的边界是敞开的，没有其他表面限制，所以曲面边界可以延伸，球头立铣刀应由边界外开始加工。

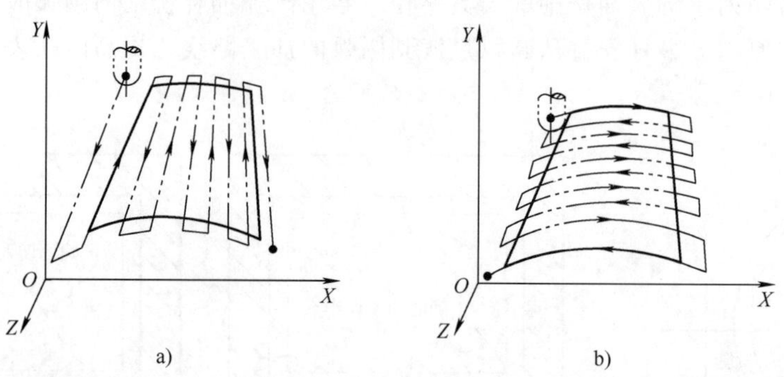

图 10-28　曲面加工的刀具路径

6. 最短路径原则

在保证加工质量的前提下，应以最短刀具路径进行加工，以提高效率。加工图 10-29a 所示的所有孔，图 10-29c 方案比图 10-29b 方案省去很多刀具空行程。

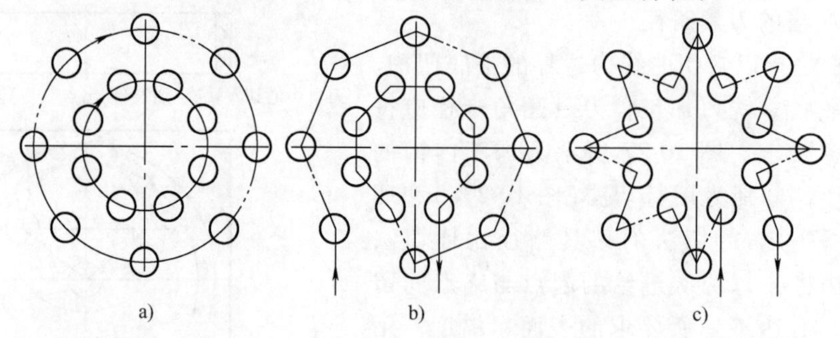

图 10-29　孔加工路线示意图

10.6　案例分析

图 10-30 所示为平面凸轮零件，其外部轮廓尺寸已经由前道工序加工完成，本工序的任务是在铣床上加工槽与孔，零件材料为 HT200。

1. 零件的工艺分析

凸轮槽内、外轮廓由直线和圆弧组成，几何元素之间关系描述清楚完整。凸轮槽侧面与

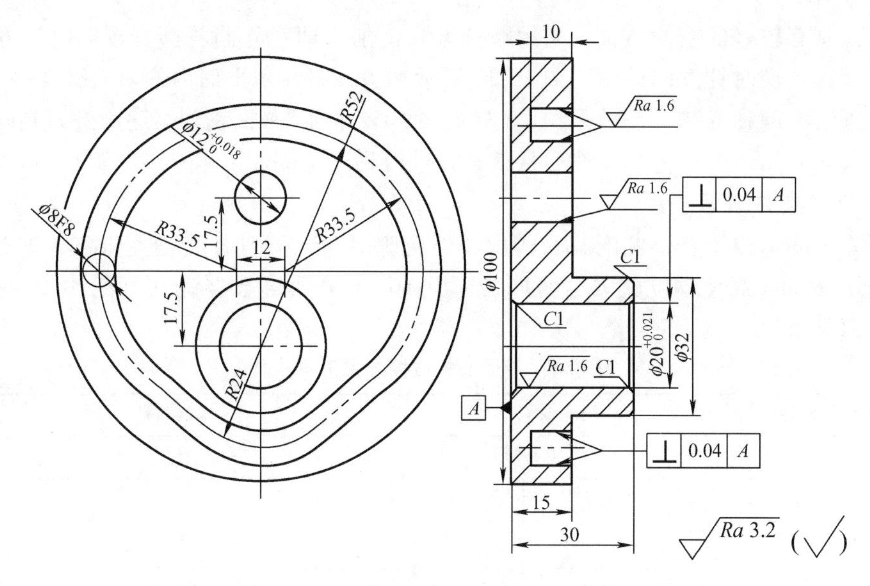

图 10-30 平面凸轮零件图

ϕ20mm、ϕ12mm 两个孔表面粗糙度要求较高，为 Ra1.6μm。凸轮槽内、外轮廓面和 ϕ20mm 孔与底面有垂直度要求。零件材料为 HT200，切削加工性能较好。

根据上述分析，凸轮槽内、外轮廓及 ϕ20mm、ϕ12mm 两个孔的加工应分粗、精加工两个阶段进行，以保证表面粗糙度要求。同时以底面 A 定位，提高装夹刚度以满足垂直度要求。

2. 确定装夹方案

根据零件的结构特点，加工 ϕ20mm、ϕ12mm 两个孔时，以底面 A 定位(必要时可设工艺孔)，采用螺旋压板机构夹紧。加工凸轮槽内、外轮廓时，采用“一面两孔”方式定位，即以底面 A 和 ϕ20mm、ϕ12mm 两个孔为定位基准。为此，设计“一面两销”专用夹具，在一垫块上分别精镗 ϕ20mm、ϕ12mm 两个定位销安装孔，孔距为 35mm。装夹示意如图 10-31 所示。

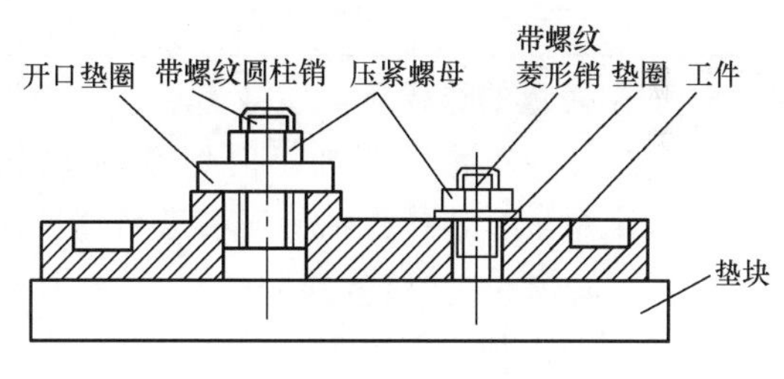

图 10-31 凸轮槽加工装夹示意图

3. 确定加工顺序及刀具路径

按照基面先行、先粗后精的原则，应先加工用作定位基准的 ϕ20mm、ϕ12mm 两个孔，然后再加工凸轮槽内、外轮廓表面。为保证加工精度，粗、精加工应分开，其中 ϕ20mm、ϕ12mm 两个孔的加工采用钻孔——→粗铰——→精铰方案。

刀具路径包括平面进给和深度进给两部分。

平面进给时，外凸轮廓从切线方向切入，内凹轮廓从过渡圆弧切入。为使

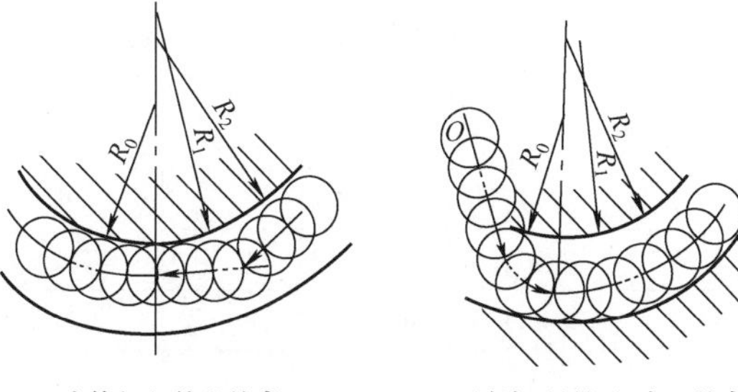

a) 直接切入外凸轮廓　b) 过渡圆弧切入内凹轮廓

图 10-32 平面凸轮的切入进给路线示意图

凸轮槽表面具有较好的表面质量，采用顺铣方式铣削，即对外凸轮廓，按顺时针方向铣削，对内凹轮廓，按逆时针方向铣削。图 10-32 所示即为铣刀在水平面内的切入路线。

深度进给有两种方法：一种是在 *XZ* 平面(或 *YZ* 平面)来回铣削，逐渐进刀到既定深度；另一种方法是先钻一个工艺孔，然后从工艺孔进刀到既定深度。

4. 选择刀具并填写卡片

根据零件的结构特点，铣削凸轮槽内、外轮廓时，铣刀直径受槽宽限制，取为 ϕ6mm。粗加工选用 ϕ6mm 高速钢立铣刀，精加工选用 ϕ6mm 硬质合金立铣刀。表 10-1 为平面凸轮数控加工刀具卡片。

表 10-1　平面凸轮数控加工刀具卡片

产品名称或代号			零件名称	平面凸轮	零件图号
序号	刀具号	刀　具		加工面	备注
		规格/mm	刀长/mm		
1	T01	ϕ5 中心钻	30	钻 ϕ5mm 中心孔	
2	T02	ϕ19.6 钻头	45	ϕ20mm 孔粗加工	
3	T03	ϕ11.6 钻头	30	ϕ12mm 孔粗加工	
4	T04	ϕ20 铰刀	45	ϕ20mm 孔精加工	
5	T05	ϕ12 铰刀	45	ϕ12mm 孔精加工	
6	T06	90°倒角铣刀	30	ϕ20mm 孔倒角 1×45°	
7	T07	ϕ6 高速钢立铣刀	20	粗加工凸轮槽内、外轮廓	底圆角 *R*0.5mm
8	T08	ϕ6 硬质合金立铣刀	20	精加工凸轮槽内、外轮廓	

5. 切削用量的选择

凸轮槽内、外轮廓精加工时留 0.1mm 铣削余量，精铰 ϕ20mm、ϕ12mm 两个孔时留 0.1mm 铰削余量。选择主轴转速与进给速度时，先查切削用量手册，确定切削速度与每齿进给量，然后按式 $v_c = \pi dn/1000$，$v_f = f_z nz$ 计算主轴转速与进给速度(计算过程略)。

6. 填写数控加工工序单

表 10-2 为平面凸轮数控加工工序单。

表 10-2　平面凸轮数控加工工序单

单位名称		产品名称或代号		零件名称		零件图号
				平面凸轮		
工序号	程序编号	夹具名称		使用设备		车　间
工步号	工步内容	刀具号	刀具规格/mm	主轴转速/(r/min)	进给速度/(mm/min)	背吃刀量/mm
1	*A* 面定位钻 ϕ5mm 中心孔	T01	ϕ5	750		
2	钻 ϕ19.6mm 孔	T02	ϕ19.6	400	40	
3	钻 ϕ11.6mm 孔	T03	ϕ11.6	400	40	
4	铰 ϕ20mm 孔	T04	ϕ20	150	20	0.2
5	铰 ϕ12mm 孔	T05	ϕ12	150	20	0.2

（续）

工步号	工步内容	刀具号	刀具规格/mm	主轴转速/(r/min)	进给速度/(mm/min)	背吃刀量/mm
6	ϕ20mm 孔倒角 1×45°	T06	90°	400	20	
7	一面两孔定位，粗铣凸轮槽内轮廓	T07	ϕ6	1000	40	4
8	粗铣凸轮槽外轮廓	T07	ϕ6	1000	40	4
9	精铣凸轮槽内轮廓	T08	ϕ6	1500	20	14
10	精铣凸轮槽外轮廓	T08	ϕ6	1500	20	14
11	反面装夹，ϕ20mm 倒角 1×45°	T06	90°	400	20	

第11章　数控加工中心概述

数控加工中心与数控铣床的加工工艺理论基本一样。本章将重点讲述两者之间的区别并进一步细化前面介绍的数控铣削技术。

11.1　加工中心简介

加工中心是一种功能较全的数控加工机床。它把铣削、镗削、钻削、攻螺纹等功能集中在一台设备上，使其具有多种工艺手段。加工中心与数控铣床不同的是：加工中心有刀库和换刀装置，可在加工过程中由程序控制自动选用和更换刀具。加工中心与同类数控机床相比结构较复杂，控制系统功能较多。加工中心最少有3个运动坐标，多的达十几个；其控制功能最少可实现2轴联动，以实现直线插补和圆弧插补；有的则可实现5轴联动、6轴联动，从而实现极复杂零件的加工。

1. 加工中心分类

（1）按主轴空间状态分　有立式加工中心和卧式加工中心。加工中心的主轴在空间处于垂直状态的称为立式加工中心；主轴在空间处于水平状态的称为卧式加工中心。主轴可作垂直和水平转换的，称为立卧转换加工中心或五面加工中心。

（2）按加工中心立柱的数量分　有单柱式和双柱式（龙门式）加工中心。

（3）按加工中心运动坐标轴数和同时控制的坐标数分　有3轴3联动、4轴3联动、5轴4联动、6轴5联动等加工中心。3轴、4轴等指加工中心具有的运动坐标数量，联动是指控制系统可以同时控制运动的坐标数量。

（4）按工作台的数量分　有单工作台加工中心、双工作台加工中心等。

（5）按加工精度分　有普通加工中心和高精度加工中心。

2. 加工中心的功能

（1）立式加工中心　立式加工中心主轴处于垂直位置，它能完成铣削、镗削、钻削、攻螺纹等工序。立式加工中心高度是有限的，确定Z轴运动时，要考虑工件的高度、工装夹具的高度及刀具的长度等情况。立式加工中心对箱体类工件的加工范围较小，这是其弱点，但立式加工中心有下列优点：

1）工件易装夹，可使用通用的夹具，如机用虎钳、压板、分度头、回转工作台等装夹工件。

2）刀具运动轨迹易观察，检查测量方便，可及时发现问题，进行停机处理或修改。

3）结构一般采用单柱式，它与同等规格的卧式加工中心相比，结构简单、占地面积较小、价格较低。

4）立式加工中心最适于加工Z轴方向尺寸相对较小的工件。

（2）卧式加工中心　卧式加工中心的主轴是水平设置的，一般有3到5个坐标轴，常配有一个回转轴或回转工作台。卧式加工中心刀库容量一般较大，其结构较立式加工中心复杂，体积和占地面积都较大，价格也较高。卧式加工中心较适于箱体类零件的加工，只要一次装夹在回转工作台上，即可对箱体的四个面（除顶面和底面之外）进行加工，保证了孔及形腔的位置精度要求和尺寸精度要求。

3. 加工中心的辅具及辅助设备

（1）刀柄与工具系统　刀柄是加工中心必备的辅具，在刀柄上可安装不同的刀具，存放在刀库中，以备加工时选用。刀柄要与主机的主轴孔相对应，加工中心的刀柄是系列化、标准化的产品。

加工中心的工具系统是指铣镗类工具系统，可分为整体式结构和模块式结构两大类。整体式结构的铣镗类工具系统，把刀柄和夹持刀具的工作部分做成一体，优点是使用方便、可靠性好，不足是刀柄规格品种数量多；模块式结构是把刀具的柄部和工作部分分开，制成各种系列化的模块，不同模块组装成所需要的刀具，优点是减少了刀柄的规格、品种及数量。

（2）机外对刀仪　机外对刀仪用于测量刀具的长度、直径和刀具角度等。刀库中存放的刀具主要参数都要有准确的值，可通过机外对刀仪测得。使用中因刀具损坏需要更换新刀具时，用机外对刀仪可以测出新刀具的参数，以便掌握与原刀具的偏差，然后通过修改程序确保其正常使用。

4. 加工中心的主要加工对象

（1）箱体类零件

1）箱体类零件一般是指具有一个以上孔，内部有一定形腔，在长、宽、高方向上有一定比例的零件。这类零件在汽车、机械行业用得较多，如图 11-1 所示的阀壳体、图 11-2 所示的主轴箱体。

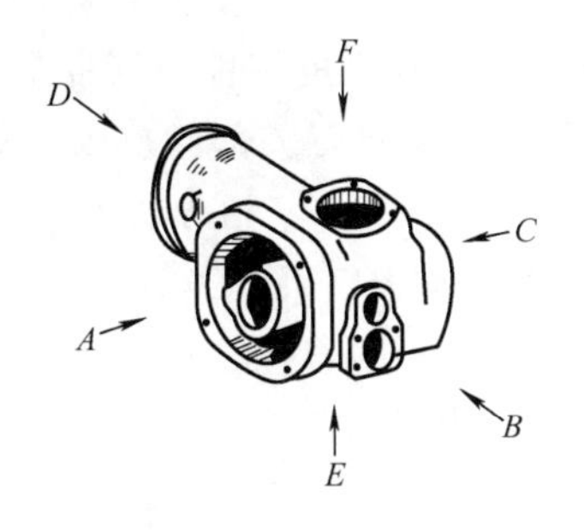

图 11-1　阀壳体

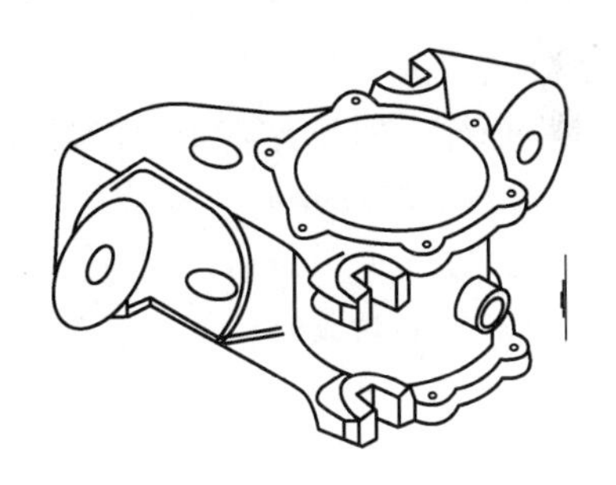

图 11-2　主轴箱体

2）箱体类零件一般都需要进行多工位孔系及平面的加工，几何公差要求严格，通常要经过铣、钻、扩、镗、铰、攻螺纹等工序，需要刀具多。在普通机床上加工，工装套数多、费用高、加工周期长，需要多次装夹、找正，工艺难以制定，更重要的是精度难以保证。在加工中心上加工，一次装夹可完成多工序内容的加工，零件各项精度一致性好，质量稳定，生产周期短。

3）箱体类零件的加工方法，主要有以下几种：

①　既有面又有孔时，宜先铣面，后加工孔。

②　所有孔都要先完成粗加工，再进行精加工。

③　一般情况下，ϕ30mm 以上的孔采用铸造毛坯孔方法，在普通机床上粗加工后，留

4～6mm余量，再到加工中心上加工；ϕ30mm 以下的孔可以不铸造，全部在加工中心上完成。

④ 孔系加工中，先加工大孔，再加工小孔。

（2）复杂曲面的零件　复杂曲面零件主要有凸轮、叶轮及模具等。

（3）其他　其他可在加工中心上加工的零件有异形件，盘、套、板类零件等。

5. 推荐和不宜在加工中心上加工的内容

（1）推荐下列内容为加工中心的主要选择对象

1）具有多个不同位置的平面和孔需加工的箱体类零件。

2）零件上不同类型表面之间有较高的位置精度要求，更换机床加工时难以保证加工要求的零件。

3）切削条件多变的零件，如某些零件需要切槽、镗孔、攻螺纹等。

4）结构或形状复杂，普通加工时操作复杂、工时长的零件。

（2）下列内容建议不宜在加工中心上加工

1）形状过于简单，使用加工中心并不能显著缩短工时、提高生产率的零件。

2）简单的平面铣削。

3）批量很大的零件。

11.2 加工中心工艺方案的制定

1. 制定工艺方案前的零件工艺可行性分析

（1）初步分析　分析零件结构、加工内容等是否适合加工中心加工。

（2）检查零件图的完整性和正确性　与常规的零件工艺分析一样，要检查零件图是否正确，尺寸公差和技术要求是否标注齐全。注意，在加工中心上加工的零件，其各个方向上的尺寸要有一个统一的设计基准，发现无统一的设计基准时，要向有关部门反映。如图 11-3 所示零件，110±0.1mm 尺寸对应的两面均已在前面工序中加工完毕，在加工中心上只进行孔系的加工。以 *A* 面定位时，由于高度方向没有统一基准，ϕ40H7 孔和顶面两个 ϕ25H7 孔与 *B* 面的尺寸是间接保证的。如改为如图 11-4 所示标注方式，则各孔位尺寸都以定位面 *A* 为基准，基准统一，且工艺基准与设计基准重合，各个尺寸容易保证。

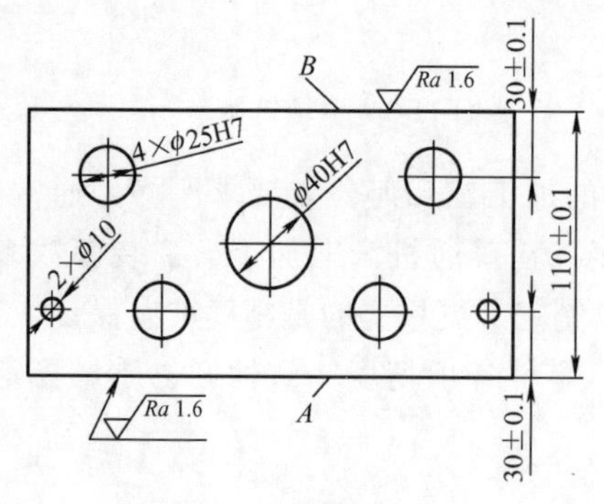

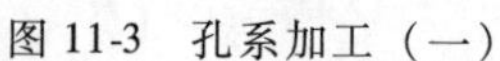
图 11-3　孔系加工（一）

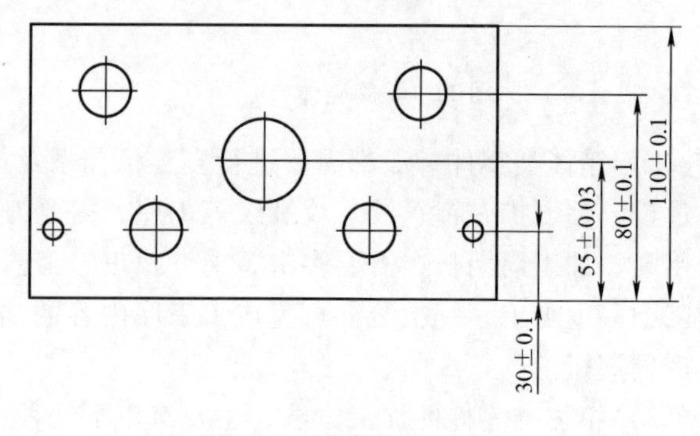

图 11-4　孔系加工（二）

（3）精度及技术要求分析　分析零件的精度和技术要求时，主要考虑如下几个方面：各加工表面的尺寸精度要求，各加工表面的几何形状精度要求，各加工表面的相互位置精度要求，各加工表面的表面粗糙度要求及表面质量的其他要求，热处理要求等。

（4）结构工艺性分析　分析零件的结构工艺性时，主要考虑以下几个方面：零件本身的结构刚性是否足够；零件毛坯在定位、安装时的可靠性与方便程度，是否需要设置工艺孔、凸台等结构。

2. 常规工艺方案与加工中心工艺方案

常规工艺方案与加工中心工艺方案之间的最显著区别在于：前者以工序分散为特点，后者以工序集中为特点。

（1）工序分散方式　对于大批量的专业化生产，一般是普通机床和专用机床相结合，组成一定的生产线或流水线，以保证生产节拍要求。这时工件的各个加工部位的加工工序划分很细，每道工序所包含的加工内容较少，有时一台设备只进行一个工步，因而工艺路线长。

（2）工序集中方式　对于中小批量、周期性更换、重复性生产的零件，一般要求设备柔性高、通用性强，工序尽可能集中，以缩短生产周期。此时，工件的全部加工集中在很少几道工序中，每道工序中包括的加工内容较多。

加工中心最易实现工序集中方式，因此，在加工中心上加工的零件，其工艺方案应执行工序集中的原则。

3. 加工中心工艺方案的特点

1）可减少工件的装夹次数，消除多次装夹的定位误差，提高加工精度。

2）减少机床数量，减轻工人劳动强度，简化生产计划和生产组织工作。

3）提高加工质量。

4）加工出的工件精度一致性好。

4. 常规加工工艺方案的特点

1）机床设备及夹具较简单，调整容易。

2）生产准备工作量少。

3）对操作工人的技术培训成本较低。

4）设备数量、人工数量多，生产场地面积大。

11.3　加工中心的规格及类型选择

当零件确定在加工中心上加工后，选择加工中心主要考虑以下因素。

1. 加工中心类型

一般单工位加工的工件最好使用立式加工中心，如板类、小箱体等零件。

加工两工位以上的工件，宜选择卧式加工中心。

当尺寸较大，一般立式加工中心的加工范围不足时，宜选用龙门式加工中心。

当然，上述要求也不是绝对的，在能保证工件加工质量的前提下，可以灵活地使用设备。

2. 加工中心规格

加工中心的规格主要有工作台尺寸和坐标轴行程等。

确定工作台规格，加工中心工作台的大小与所加工零件的外形大小要相应。要考虑加工中心各坐标轴行程，主轴端面到工作台中心距离的最大值、最小值等。在加工中心上加工的零件，其各加工部位必须为机床各向行程的最大值与最小值所决定的空间所包容。

加工中心工作台尺寸与 X、Y、Z 坐标轴行程有一定比例。若工件尺寸大于坐标轴行程，则加工区域必须在坐标轴行程范围内。另外，工件和夹具的总重量不能大于工作台的额定负载；工件移动轨迹不能与机床防护装置干涉；刀具交换时，不能与工件、夹具相碰撞等。

加工中心主轴功率及转矩选择要满足工件加工要求。加工大直径、大余量工件时，要对低速切削时的转矩进行校核。

3. 加工中心精度的选择

根据零件关键部位的加工精度选择加工中心的精度等级。加工中心按精度等级可分为普通型和精密型。

普通型加工中心定位精度约为 0.02mm/300mm、重复定位精度约为 0.01mm 左右；精密型加工中心定位精度约为 0.004mm、重复定位精度约为 0.001mm。

定位精度基本上反映了各轴运动部件的综合精度，它是指机床主要部件在运动终点时所达到的实际位置的准确程度。实际位置与预期位置之差为定位误差。

定位精度反映了加工精度。一般规律是两孔距误差是定位精度的 1.5 ~ 2 倍。在普通加工中心上加工孔，孔距精度可达 IT8 级；在精密型加工中心上，孔距精度可达 IT6 ~ IT7 级。

重复定位精度反映了轴在行程内任意点的定位的稳定性。

4. 刀库容量的选择

要考虑加工中心刀库容量能否满足加工零件所需要的刀具数量。注意：有时个别刀具的直径超过刀库相邻两把刀的距离，而加工中又确实需要此刀具，可进行手动换刀，或在刀库内安装刀具时，该刀具相邻刀位空出位置，以免发生干涉。

11.4 零件的加工工艺设计

零件的加工工艺设计包括了从零件的毛坯选择，到通过机械加工手段使零件达到图样设计要求的加工设备、刀具及检具的选择，以及安排整个零件加工工艺路线的全过程。

1. 设计工艺路线

加工中心加工零件的工艺路线设计包括各加工部位的加工方法、加工顺序、定位基准、装夹方法、机床选择、刀具及切削用量确定等。根据企业实际，结合零件加工要求，应从以下几点考虑：

1）加工方法选择。

2）加工中心加工工序安排。

3）加工中心加工工序前的预加工工序安排。

4）加工中心加工工序后的终加工工序安排。

2. 安排加工顺序的原则

定位基准的选择是决定加工顺序的重要因素。

半精加工和精加工的基准面，应提前加工好。

不安排预加工工序的，采用毛坯面作为加工中心工序的定位基准，要考虑加工中心工序划分成若干道。

3. 划分加工阶段

加工阶段主要分为粗加工、半精加工及精加工三个。加工质量要求较高的零件，应尽量将粗、精加工分开进行，并且考虑粗、精加工使用不同的设备。

一般情况下，粗加工大都在普通机床上进行，在加工中心上完成精加工，原因如下：

1）零件在粗加工之后会变形，变形的原因较多，如夹紧力较大、切削温度高、工件内应力等。

2）粗加工后及时发现零件主要表面上的毛坯缺陷，便于及时补救。

3）粗、精加工分开，可以合理使用设备。

11.5　加工中心工步设计原则

工步设计主要从精度和效率两个方面考虑。

1）同一加工表面按粗加工、半精加工、精加工次序完成，或全部加工表面按先粗加工，后半精、精加工分开进行。

2）对于既有加工面又要加工镗孔的零件，可以先面后孔。这种方法划分工步，可以提高孔的加工精度。铣削时，切削力较大，工件易变形。先面后孔，使其有一段时间恢复，减少由变形引起的对孔的精度的影响。反之，先孔后面，铣削会造成孔口产生飞边、毛刺，破坏孔的精度。

3）位置精度要求较高的孔系加工，要注意孔的加工顺序，原因是顺序安排不当容易把机床的反向间隙引入到工件尺寸上，影响孔系的位置精度。如图 11-5a 所示，从图中可以看出，孔的位置精度要求较高。如果按图 11-5b 所示的顺序加工，由于加工 5、6 孔与加工 1、2、3、4 孔的走刀方向相反，Y 向反向间隙会使定位误差增加，从而影响 5、6 孔与其他孔之间的位置精度，其误差如图 11-5c 所示。如果反向间隙为 Δ，则 5、6 孔与其他孔错位为 Δ，尽管 5 孔与 6 孔之间距离满足要求，但整个孔系不能满足精度要求。要满足孔系的位置精度要求，可按图 11-5d 所示顺序进行孔系加工：加工完 4 孔之后，再把刀具折返回去到 7 点，再进行 6、5 孔顺序加工，这样，所有孔在 Y 轴方向的走刀方向一致，可避免反向间隙的引入。

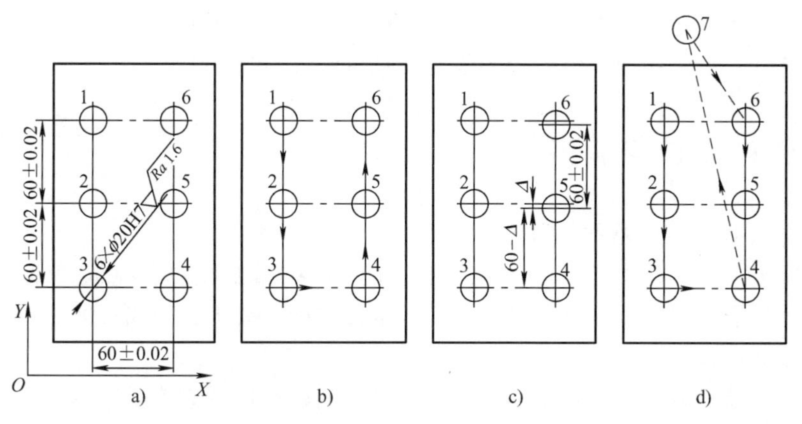

图 11-5　孔系加工顺序

4）按所用刀具划分工步，即用同一把刀把零件上相同的部位都加工完成，再换第二把刀。这样可减少换刀次数，减少空移动时间，减少不必要的定位误差。

5）考虑到加工中存在着重复定位误差，对于同轴度要求较高的孔系，宜一次定位之后，通过连续换刀、连续加工完成该同轴孔系的全部孔的加工，再加工其他位置的孔，以提高孔系的同轴度。

6）在一次定位装夹中，应尽可能完成所有能够加工的表面。

11.6 加工余量的确定

加工余量的大小，对零件的加工质量、生产效率及经济性均有影响。选择好加工余量很重要：余量过小，可能会使金属表面缺陷层没有被切除而造成废品，或使刀具加剧磨损；余量过大，则浪费时间，增加损耗。

确定加工余量的基本原则是在保证质量的前提下，尽量减少加工余量。最小加工余量的数值，应保证能将各种缺陷和误差的金属层去除，从而提高加工表面的精度和表面质量。

影响加工余量的主要因素有：表面粗糙度、表面缺陷层深度、表面几何形状误差及装夹误差等。

11.7 影响加工精度的主要因素

影响零件加工精度的因素有很多，如机床、工件、夹具、刀具等。

1）加工中心机床的几何精度和定位精度对加工精度有直接影响。机床几何精度会影响加工零件的形状精度，机床定位精度会影响加工零件的尺寸精度。

评价加工中心精度等级最重要的指标是定位精度和重复定位精度。

2）工艺系统热变形的影响。

3）工艺系统力效应产生的误差。

4）刀具误差的影响。加工中心具有自动换刀功能，使得生产效率提高，但同时也带来交换误差，用同一把刀具加工一批零件，由于重复装到主轴上时存在着重复定位误差而影响加工精度。通常采取如下措施：保护好主轴锥孔与刀具柄部的清洁及不受碰撞；经常检查拉钉表面是否光洁、正常（要使拉钉中心线与刀柄轴线完全同心）。

11.8 工件的定位与装夹

1. 加工中心加工定位基准的选择

同普通机床一样，在加工中心上加工时，零件的装夹也要遵循六点定位原则。

（1）定位基准　定位基准应能保证工件的定位准确，能迅速完成工件的定位与夹紧，使夹具简单、夹紧可靠。

（2）尺寸运算　所确定的定位基准与加工部位的各个尺寸运算应简单，尽量减少尺寸链计算。

（3）定位基准的确定原则　确定定位基准时，宜遵循以下原则：

1）尽量选择零件上的设计基准作为定位基准，避免因基准不重合而引起定位误差。

2）零件的定位基准与设计基准难以重合时，要通过尺寸链计算，以确保加工精度。

3）工件坐标系原点与定位基准不一定非得重合，但两者要有确定的几何关系。工件坐标系原点选择的主要目的是便于编程与测量，确定定位基准时，应考虑工件坐标系原点能否通过定位基准得到准确的测量。

如图 11-6a 所示，在加工中心上加工 ϕ60mm 及 4 × ϕ20mm 孔。4 × ϕ20mm 孔是以 ϕ60mm 孔为基准，编程时工件坐标系原点应设在 ϕ60mm 孔中心上，如图 11-6b 所示；但加工此件的定位基准分别为 A、B 面。此时，工件坐标系原点与定位基准虽不重合，但同样能保证加工精度，原因是工件坐标系原点与定位基准之间的距离能通过一些方法准确得到。如果非要使定位基准与工件坐标系原点重合，即把编程原点设在定位基准处，如图 11-6c 所示，则 4 × ϕ20mm 孔位的计算较为繁琐，同时存在尺寸链计算问题。

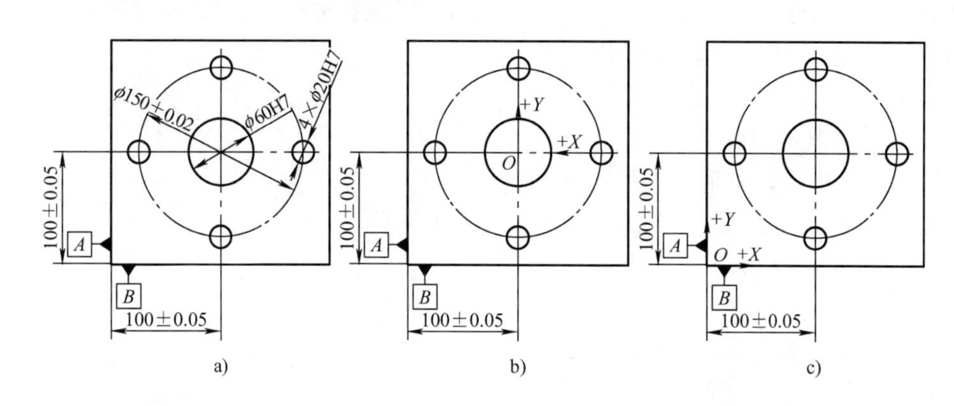

图 11-6　孔加工的基准

2. 确定零件夹具

合理应用夹具，要考虑被加工零件的精度、制造夹具的成本、制造夹具的周期等因素。目前常用的夹具类型有组合夹具、专用夹具及可调夹具等。

（1）组合夹具　组合夹具是在机床夹具零部件标准化基础上发展起来的一种新型的工艺装备。它是由一套结构、尺寸已规格化、系列化和标准化的通用元件和合件组装而成的。

组合夹具的特点是：适应范围广，可大大缩短生产准备周期；可节省大量人力、物力及财力。不足之处是所需要的元件储备量大，一次性投资费用较高。

组合夹具按组装时元件间连接基面的形状，可分为槽系和孔系两大系统。

槽系组合夹具以槽（T 形槽、键槽）和键相配合的方式来实现元件之间的定位。槽系组合夹具的优点是：夹具元件组装灵活性好，可调性好；其缺点是：元件之间靠摩擦紧固，结合强度低，稳定性差。

孔系组合夹具的主要元件表面为圆柱孔和螺纹孔，通过定位销和螺栓实现元件之间的组装和紧固。孔系组合夹具元件与元件间用两个销钉定位，一个螺钉紧固，其定位精度高、刚性比槽系组合夹具好，组装可靠、体积小、成

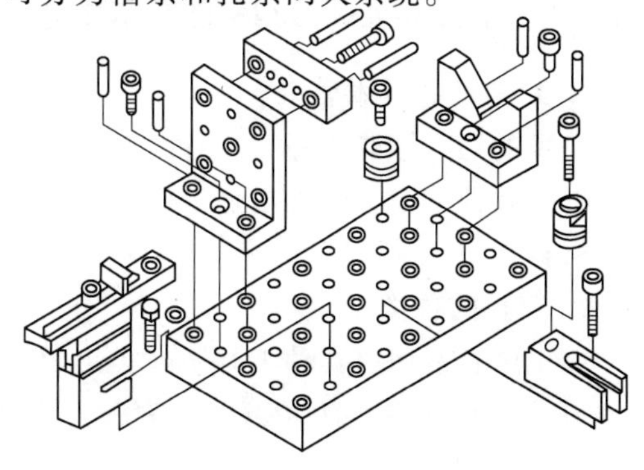

图 11-7　孔系组合夹具

本低，适合数控机床和加工中心的切削受力大、精度要求高的加工方式。

图 11-7 所示为孔系组合夹具，图 11-8 所示为槽系组合夹具。

（2）专用夹具　专用夹具是为零件的某一道工序加工而设计制造的，在产品相对稳定、批量较大的生产中使用，能有效地降低劳动强度、提高劳动生产率、获得较高的加工精度。

（3）可调夹具　可调夹具可克服专用夹具与组合夹具的不足，既能满足加工精度，又有一定的柔性。

（4）其他通用夹具　其他通用夹具有：自定心卡盘、机用虎钳及压板等。

3. 零件的夹紧与安装

刚性再好的机床，如果加工的工件及其夹具没有足够刚性，也会影响工件的精度，因此，夹紧时应用注意工件的稳定性。有如下几点需要考虑：夹紧力应力求靠近支承点，或在支承点所组成的三角形内；夹紧点力求靠近切削部位及刚性好的地方；夹具部件与刀具不发生干涉。

夹具在机床上的安装误差和工件在夹具中的定位、安装误差会影响加工精度。要保护好夹具的定位面，装夹工件时要将工件定位面污物擦干净。

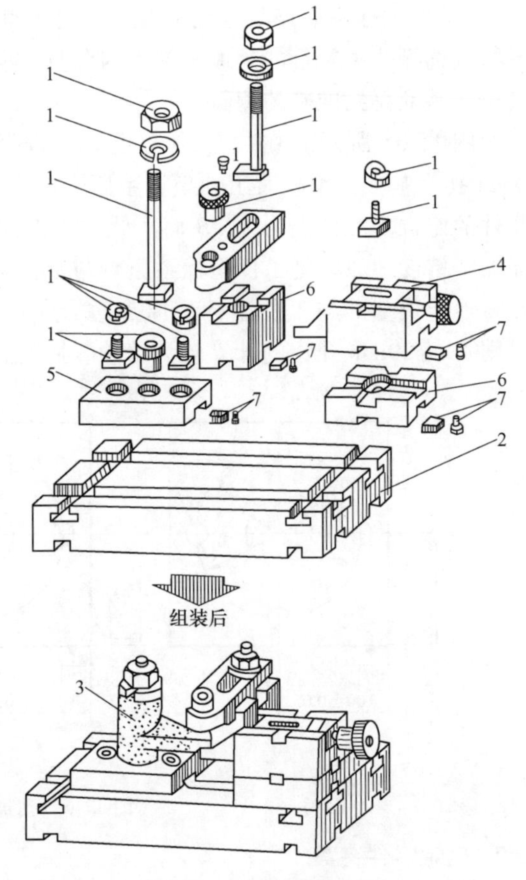

图 11-8　槽系组合夹具

1—基础件　2—支承件　3—定位件　4—导向件　5—夹紧件　6—紧固件　7—其他件

11.9　加工中心刀具的选择与应用

11.9.1　加工中心用刀具的基本要求及刀具的种类

1. 对刀具的基本要求

刀具的切削性能要好，具有高速切削或强力切削的能力；有一定的切削性能及寿命稳定性；有较高的精度，能满足加工中心自动换刀时刀具与主轴的配合精度；使用涂层及高性能刀具材料。

2. 刀具的种类

加工中心常用刀具种类有铣削类刀具（整体硬质合金立铣刀、可转位立铣刀、可转位面铣刀等）和孔用刀具（镗刀、钻头、铰刀等）。

3. 数控机床工具系统

（1）工具系统的分类及发展　数控机床工具系统分为镗铣类数控工具系统和车床类数

控工具系统。它们主要由两部分组成：一是刀具部分，二是工具柄部、接杆（接柄）和夹头等装夹工具部分。20 世纪 70 年代，工具系统以整体结构为主；80 年代初，开发出了模块式结构的工具系统（分车削、镗铣两大类）；80 年代末，开发出了通用模块式结构（车、铣、钻等万能接口）的工具系统。模块式工具系统将工具的柄部和工作部分分割开来，制成各种系统化的模块，然后经过不同规格的中间模块，组成各种不同用途、不同规格的工具。目前世界上模块式工具系统有几十种结构，其区别主要在于模块之间的定位方式和锁紧方式不同。

（2）对数控机床工具系统的基本要求

1）要有较高的换刀精度和定位精度。

2）刀具寿命要求较高。

3）数控加工常常是大进给量、高速强力切削，要求工具系统具有高刚性。

4）刀具的断屑、排屑性能要好。

5）工具系统的装卸、调整要方便。

6）工具系统应标准化、系列化和通用化。

（3）常用刀柄类型　下面以 BT 类型刀柄为例，列出常用的刀柄类型及其基本应用。

1）ER 弹簧夹头刀柄如图 11-9 所示。夹紧力不大，适用于夹持 ϕ16mm 以下的铣刀或钻头。该刀柄内部通过 ER 型卡簧夹持刀具，如图 11-10 所示。

图 11-9　ER 弹簧夹头刀柄

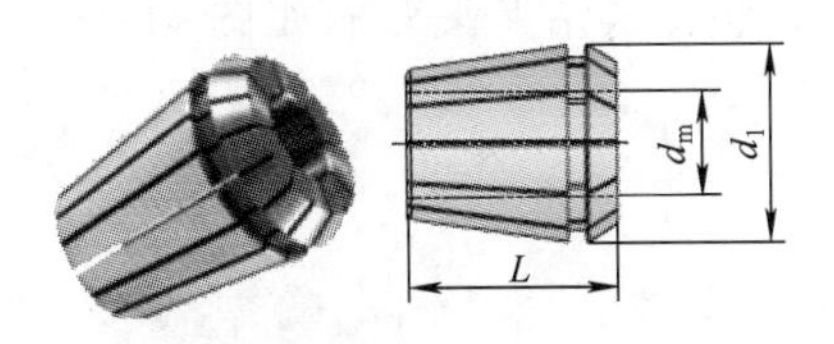

图 11-10　ER 型卡簧

2）强力夹头刀柄如图 11-11 所示。可提供较大的夹紧力，适用于夹持 ϕ16mm 以上的铣刀进行强力铣削。该刀柄内部通过 C 型卡簧夹持刀具，如图 11-12 所示。

图 11-11　强力夹头刀柄

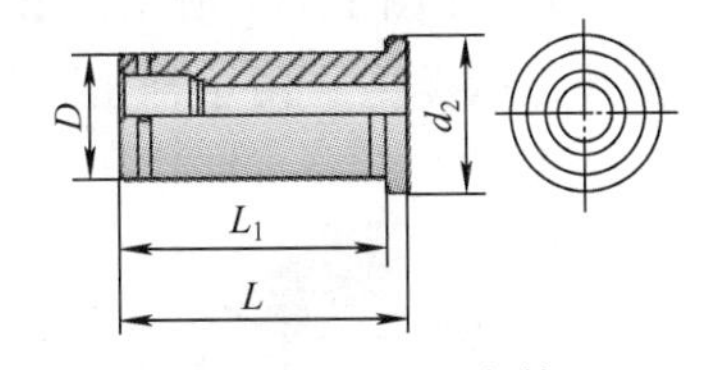

图 11-12　C 型卡簧

3）莫氏锥度刀柄如图 11-13 所示。适用于夹持直柄钻头、铣刀等。该刀柄通过与钻夹头联接，实现夹持刀具，钻夹头如图 11-14 所示。

图 11-13　莫氏锥度钻夹头刀柄

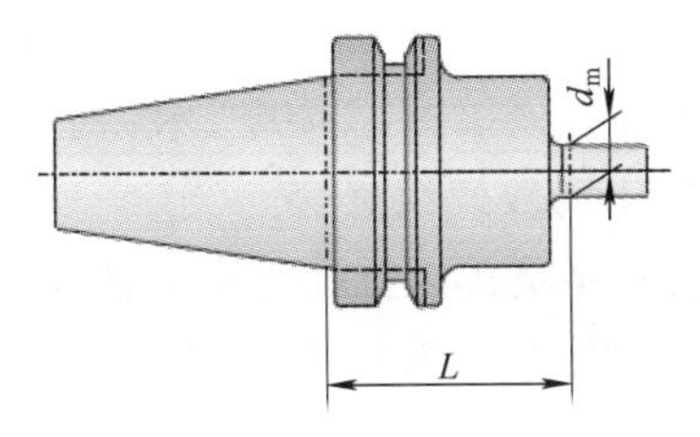

图 11-14　钻夹头

4）侧固式刀柄如图 11-15 所示。采用侧向夹紧方式，适用于切削力大的加工。一种尺寸的刀具需要对应配备一种刀柄。

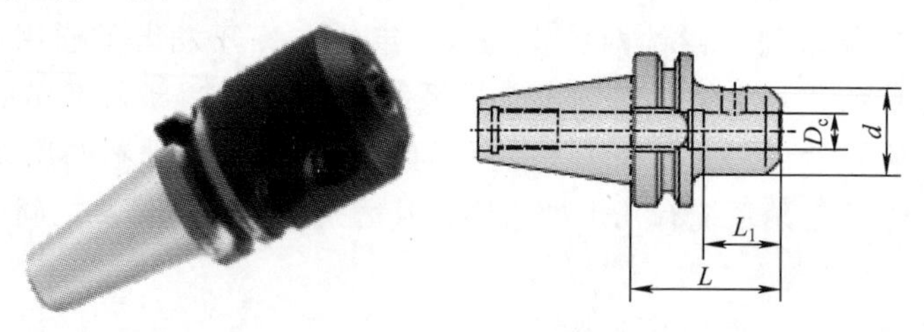

图 11-15　侧固式刀柄

5）面铣刀刀柄如图 11-16 所示。与面铣刀刀盘配套使用，面铣刀刀盘如图 11-17 所示。

图 11-16　面铣刀刀柄

图 11-17　可转位 45°的面铣刀刀盘

6）整体式钻夹头刀柄如图 11-18 所示。用于装夹 ϕ13mm 以下的中心钻、直柄麻花钻头。

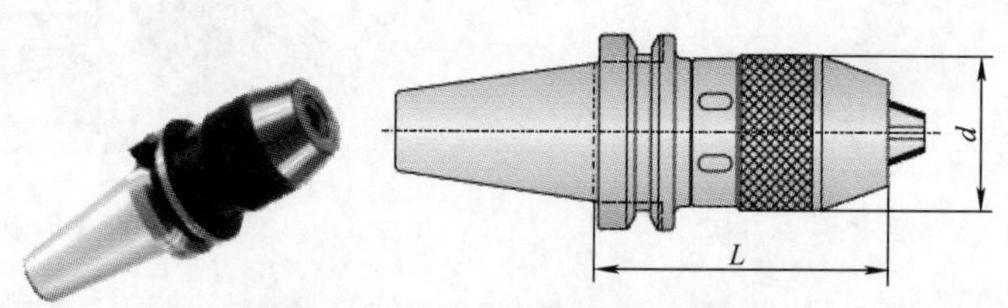

图 11-18　整体式钻夹头刀柄

7）镗刀刀柄如图 11-19 所示。其上装有镗刀头，镗刀头如图 11-19b 所示。镗刀刀柄有单刃、双刃等刀柄类型，用于精密孔或大孔加工。

a) 直角型粗镗刀单刃刀柄　b) 刀柄上的镗刀头　c) 倾斜型微调镗刀柄

图 11-19　镗刀刀柄

8）丝锥夹头刀柄如图 11-20 所示，适用于夹持自动攻螺纹时的丝锥，其上要配有攻螺纹夹套。图 11-21 为攻螺纹夹套。

9）有、无扁尾莫氏圆锥孔刀柄。图 11-22 所示为有扁尾莫氏圆锥孔刀柄，适用于夹持如图 11-23 所示的锥柄钻头；图 11-24 所示为无扁尾莫氏圆锥孔刀柄，适用于夹持如图 11-25 所示的锥柄铣刀。

图 11-20　丝锥夹头刀柄

图 11-21　攻螺纹夹套

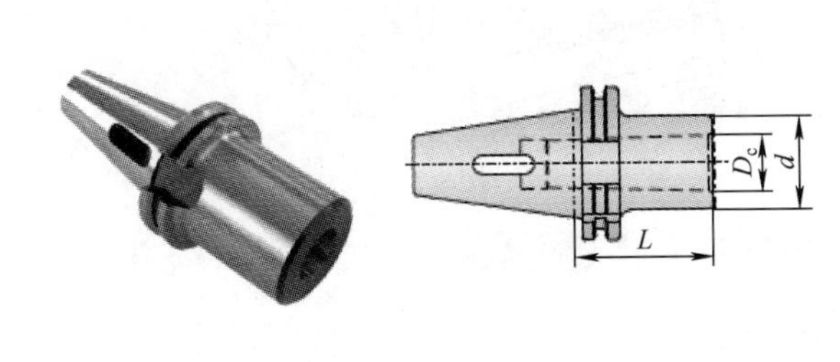

图 11-22　有扁尾莫氏圆锥孔刀柄

图 11-23　锥柄钻头

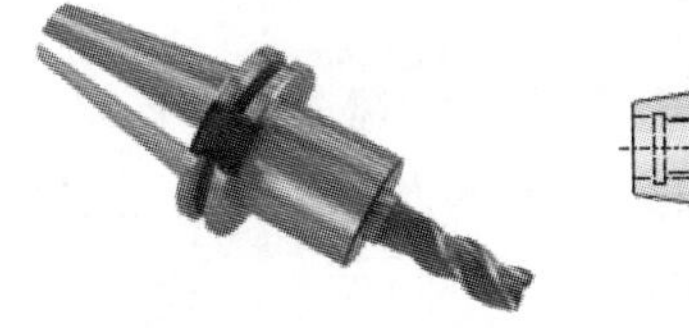

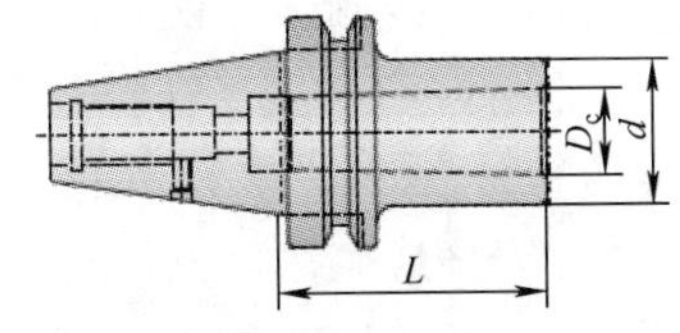

图 11-24　无扁尾莫氏圆锥孔刀柄

图 11-25　锥柄立铣刀

11.9.2　孔加工方法与刀具选择

1. 钻孔加工

当工件钻孔表面不垂直于钻头轴线时，钻孔前应在未加工表面安排锪平工序。

当工件有硬皮时，应用硬质合金立铣刀铣去孔口位置表皮，再用中心钻打中心孔、钻孔。

对于位置要求较高的孔，要采用中心钻引正。

深孔加工应采用渐进循环加工方式，如 G83 指令。

钻孔用钻头一般为麻花钻，有高速钢和硬质合金两类。

中心钻及麻花钻如图 11-26 所示。

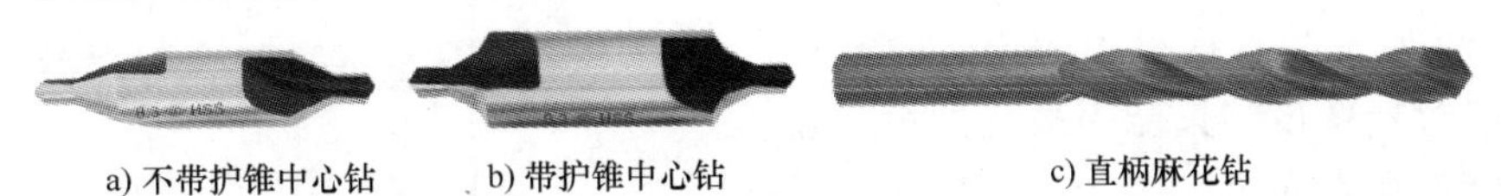

a) 不带护锥中心钻　b) 带护锥中心钻　c) 直柄麻花钻

图 11-26　中心钻及麻花钻

2. 扩孔加工

扩孔是铰孔前的预加工，也可作为精度要求不高孔的精加工。扩孔只能保证孔精加工前的表面粗糙度和精加工余量，不能纠正钻孔留下的加工误差（如孔间距偏差、孔轴线倾斜等）。扩孔余量为孔径的1/10～1/12。

当孔的形、位精度要求较高，且孔不太深时，也可用键槽铣刀进行铰孔前的扩孔加工，它能纠正钻孔偏差，提高孔的位置精度。

扩孔刀如图11-27所示。

a) 高速钢整体式　b) 镶嵌套式

c) 直柄护孔钻

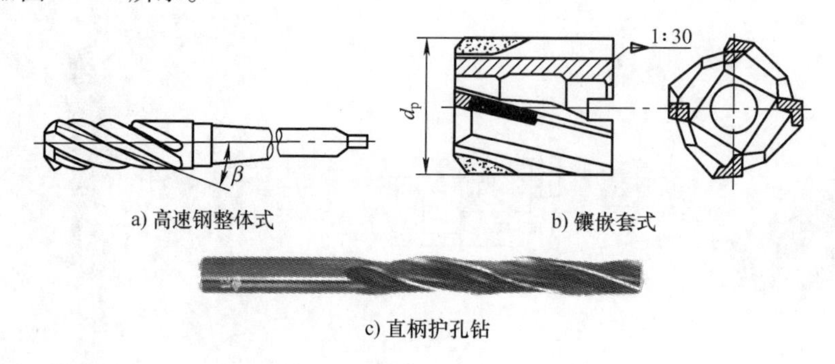

图11-27　扩孔刀

3. 镗孔加工

镗孔加工多用于孔系加工，能保证孔间距及孔的同轴度、平行度及垂直度等精度要求。镗孔最大的特点是能修正上一道工序所造成的轴线倾斜等误差。

在加工中心上加工，要求镗刀有足够的刚性和精度。在镗削过程中，镗刀是单向受力，镗削时易引起振动（特别是吃刀量较小的精镗更为严重），使孔的尺寸及表面质量很难保证，这是精镗的不足之处。长径比较大的镗刀杆应禁用。

目前常用的精镗孔刀有精镗微调刀头，如图11-28所示。这种镗刀径向尺寸可以在一定范围内微调。调整尺寸的步骤如下：松开螺钉4，转动调整螺母5至规定尺寸，拧紧螺钉4。导向块3用来防止垫块6转动。

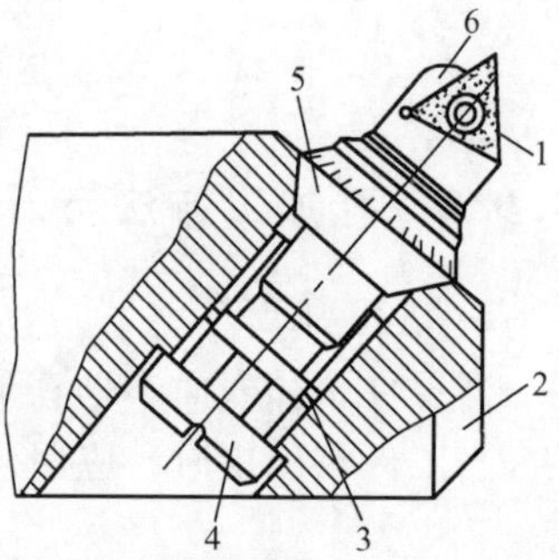

图11-28　精镗微调刀头

1—刀片　2—镗刀杆　3—导向块
4—螺钉　5—螺母　6—垫块

为了消除镗孔时径向力对镗杆的影响，可采用双刃镗刀。它的两刃同时参与切削，径向力可互相抵消，与单刃相比，每转进给量可提高一倍，生产效率高。

镗孔注意事项：

尽可能选择大的刀杆直径；尽可能选择短的刀杆长度；刀具主偏角大于75°或接近90°；选择涂层刀片和小的刀尖圆弧半径（0.2mm）；正确的冷却和排屑。

4. 铰孔加工

图11-29所示为直柄机用铰刀。铰孔不能提高孔的位置精度，只能提高孔的尺寸精度、形状精度和表面粗糙度，一般只作为精密孔的终精加工。铰孔余量一般留0.1～0.3mm。

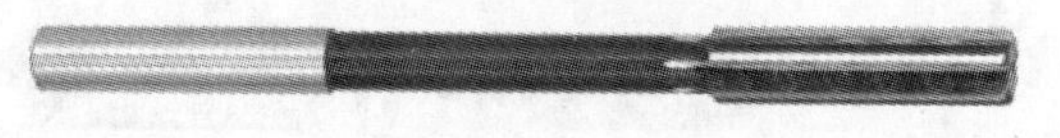

图11-29　直柄机用铰刀

11.9.3 面加工方法及刀具选择

1. 平面铣削

在加工中心上铣平面时，一般采用面铣刀或立铣刀，如图 11-30 所示。

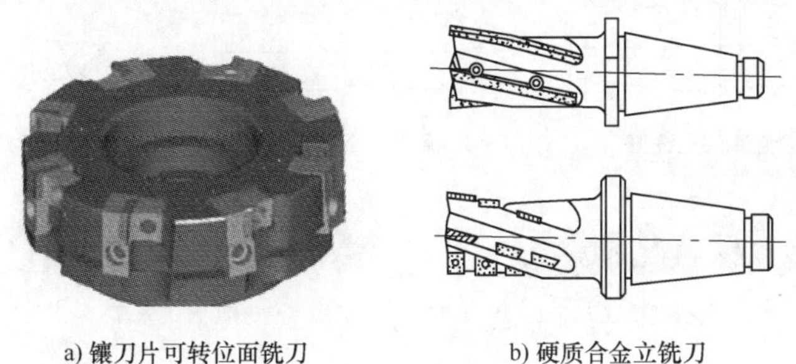

a) 镶刀片可转位面铣刀　　b) 硬质合金立铣刀

图 11-30　面铣刀

粗铣时，切削力较大，刀具直径要小些，为精铣留 0.15 ~ 0.2mm 余量；精铣时，选择大直径铣刀，尽可能包容整个工件的加工宽度，以提高精度和表面质量。如果刀具不能包容整个工件的表面宽度，刀具路径的设计要使轨迹之间有重叠，走刀方向相同，以使表面纹理方向一致，改善表面粗糙度和加工精度。平面铣削如图 11-31 所示，图 11-31a 所示为刀具双向走刀，以提高效率，轨迹为 1 - 2 - 3 - 4。图 11-31b 所示为单向走刀，刀具路径有重叠处，轨迹为 1 - 2 - 3 - 4 - 5 - 6，能改善表面质量。

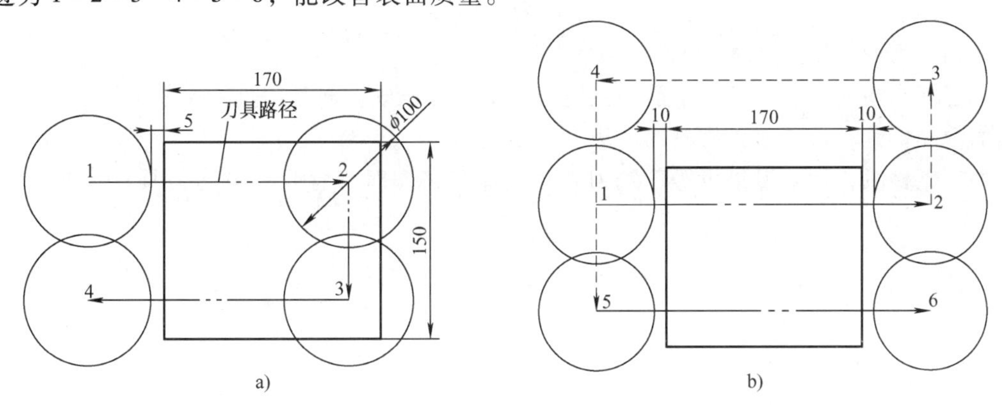

图 11-31　平面铣削

2. 轮廓铣削

铣削平面轮廓时，用平头立铣刀，以其侧刃铣削；铣削空间轮廓时，用球头立铣刀，以球头及侧刃铣削。立铣刀有整体与镶嵌式，如图 11-32 所示。

应该根据加工部位的形状和尺寸，尽可能选择长径比较小的立铣刀。铣内凹轮廓时，铣刀半径 r 应小于内凹轮廓面的最小曲率半径 ρ，一般取 $r \leq (0.8 \sim 1)\rho$，切削径向值 $\leq (1/6 \sim 1/4)r$。铣削外轮廓时，铣刀半径尽量大些，以提高刀具刚性，提高表面精度。

精铣平面时，要考虑切入和切出的外延，以保证轮廓的平滑过渡。

切入、切出时，尽量避免在零件轮廓外垂直方向进刀。

加工过程中，尽量避免停顿，以免划伤工件表面或因定位精度问题引起表面粗糙度不佳。

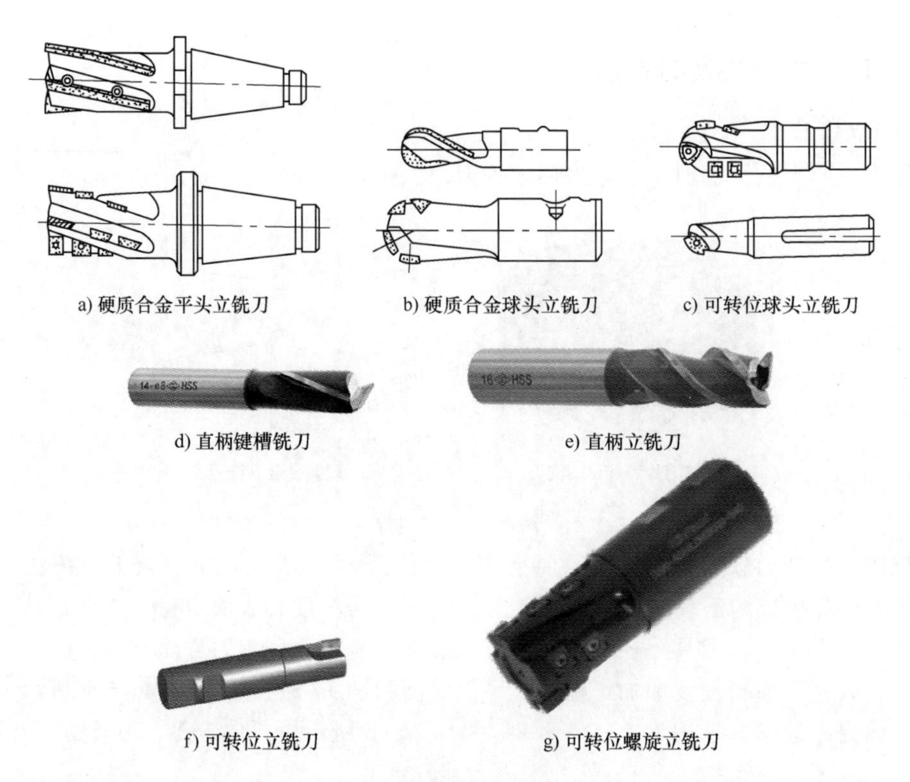

a) 硬质合金平头立铣刀　b) 硬质合金球头立铣刀　c) 可转位球头立铣刀

d) 直柄键槽铣刀　e) 直柄立铣刀

f) 可转位立铣刀　g) 可转位螺旋立铣刀

图 11-32　立铣刀

铣削表面的精加工余量一般为 0. 15 ~ 0. 3mm。

为了提高槽的加工精度，不能用立铣刀将槽一刀铣成，而是用直径比槽小的立铣刀，先铣槽的中间部分，再用刀具铣槽的两边。

加工钢件时，背吃刀量可等于铣刀直径；加工铸铁时，背吃刀量为刀具直径的 1 ~ 1. 5 倍。

第 12 章　数控多轴技术概述

12.1　数控多轴技术基础

1. 多轴数控机床定义

多轴数控机床指一台机床上至少具备第 4 轴，即除了 3 个直线轴之外，还要有一个旋转轴的数控机床。

2. 使用多轴数控机床的优势

1）一次装夹完成零件多个方位的加工，提高加工效率及精度。

2）通过刀轴相对工件位置的改变，可加工复杂结构（倾斜结构、螺旋结构等）的零件，避免刀具干涉、过切、欠切等现象发生。

3）简化刀具形状，优化切削用量。例如，圆弧槽加工，由于多方位联动，不用成形刀具即可完成复杂型面的加工。

4）工件装夹简单，把复杂曲面加工的多次装夹工作，转为二维平面加工的装夹。

12.2　多轴数控机床常见类型

1. 3 轴立式加工中心附加数控转台的 4 轴联动机床

如图 12-1 所示，在 3 轴立式加工中心或数控铣床上安装一个卧式数控转台，以实现 4 轴（*X*、*Y*、*Z*、*A*）联动加工。

a) 装夹工件前的卧式转台

b) 装夹工件后的卧式转台

图 12-1　数控转台

数控转台作为机床一个附件，价格较便宜，用户可以选配。数控转台上的卡盘可以是自定心或单动类型，拆卸方便。把数控转台应用到数控机床上，实现 4 轴功能，数控系统要具有第 4 轴驱动单元，同时具备 4 轴联动功能。

2. 3 轴卧式加工中心附加数控转台的 4 轴联动机床

如图 12-2 所示，在卧式加工中心的基础上，安装一个立式数控转台，以实现 4 轴（*X*、*Y*、*Z*、*B*）联动加工。工件安装在立式回转工作台上，工件可绕 *Y* 轴进行 *B* 轴旋转运动，用于零件多工作面、多孔系的铣、钻、镗、铰、攻螺纹等多工序加工及箱体孔的调头加工。

有的卧式加工中心工作台上有两个自动交换工作台，可以同时一个在加工，另一个装夹工件。

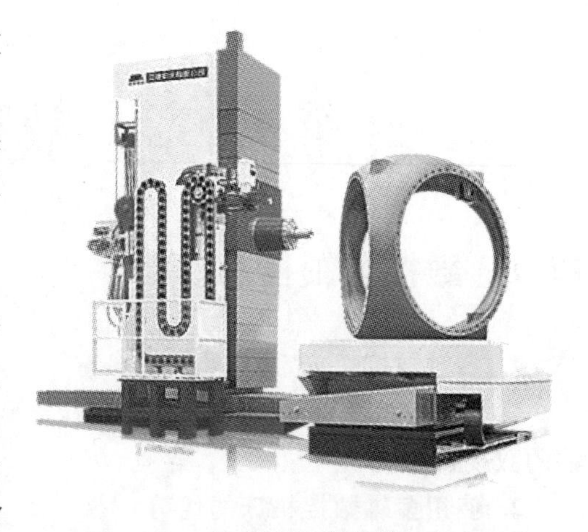

图 12-2　4 轴联动卧式数控加工中心

3. 5 轴联动机床

（1）3 轴立式加工中心附加可倾斜式数控转台的 5 轴联动机床　如图 12-3 所示，该机床上安装了一个可倾斜式数控转台，可实现 5 轴联动加工功能。图 12-4 为可倾斜式数控转台的结构简图及坐标轴示意图，可以看出，除了 *X*、*Y*、*Z* 三个方向的运动之外，可倾斜式数控转台还可实现 *A*、*C* 轴的旋转运动。

图 12-3　5 轴联动机床（一）

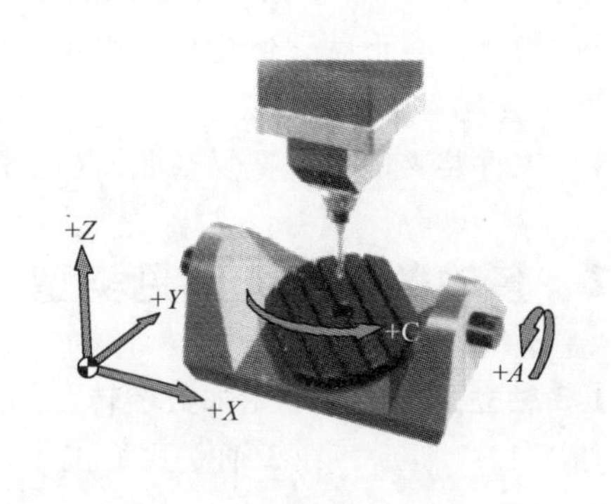

图 12-4　可倾斜式数控转台及坐标轴示意图

（2）4 轴立式加工中心附加数控转台的 5 轴联动机床　如图 12-5 所示的立式机床，主轴上的立铣头围绕 *Y* 轴进行 *B* 轴（一定的角度范围）旋转，附加一个旋转工作台 *C*（360°内），另外配合 *X*、*Y*、*Z* 三个运动，实现 5 轴联动加工，可满足叶轮、三维复杂曲面等零件的加工。*B*、*C* 轴采用光栅闭环控制，以提高摆动及分度精度。

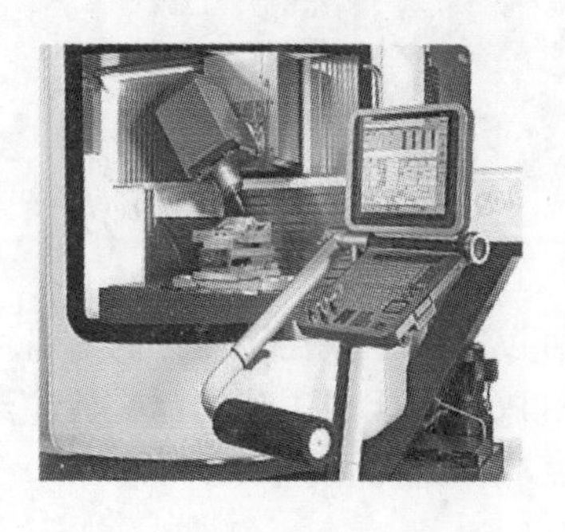

图 12-5　5 轴联动机床（二）

图 12-6　5 轴联动卧式加工中心

（3）4 轴卧式加工中心附加数控转台的 5 轴联动机床　如图 12-6 所示的机床，在卧式加工中心的基础上（X、Y、Z、B），增加了 A 轴功能。该设备用于叶片、叶轮等复杂型面的加工。

12.3 常用5轴联动加工中心类型分析

根据旋转部件（刀具、工件）的运动方式不同，5轴联动加工中心大致可以分为双摆台形式、双摆头形式、一摆台一摆头形式等，如图12-7所示。

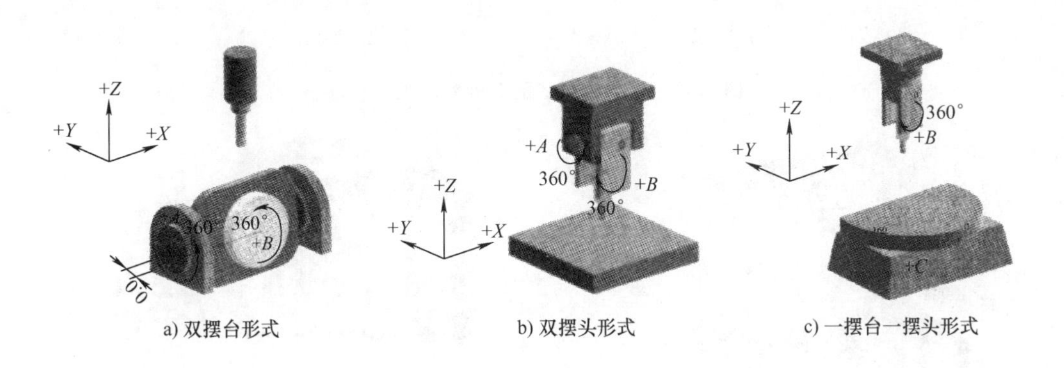

图12-7　常用5轴联动加工中心类型

1. 双摆台形式的5轴联动加工中心

双摆台式5轴联动加工中心的形式有：龙门式双摆台5轴联动加工中心，如图12-8a所示；立卧转换式双摆台5轴联动加工中心，如图12-8b所示；基于卧式加工中心的双摆台5轴联动加工中心，如图12-8c所示。

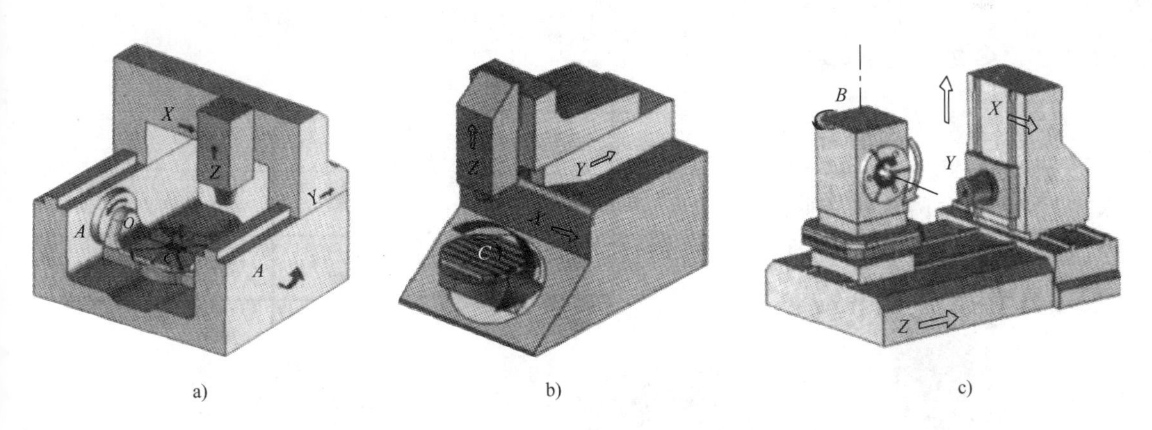

图12-8　双摆台形式的5轴联动加工中心

2. 双摆头形式的5轴联动加工中心

如图12-9所示，双摆头式5轴联动加工中心一般用于加工较大尺寸的工件。

3. 一摆头一摆台形式的5轴联动加工中心

一摆头一摆台式5轴联动加工中心的结构形式如图12-10所示。图12-11所示为某一5轴联动加工中心加工叶轮，工作台 C 轴转动，主轴 B 轴摆动。

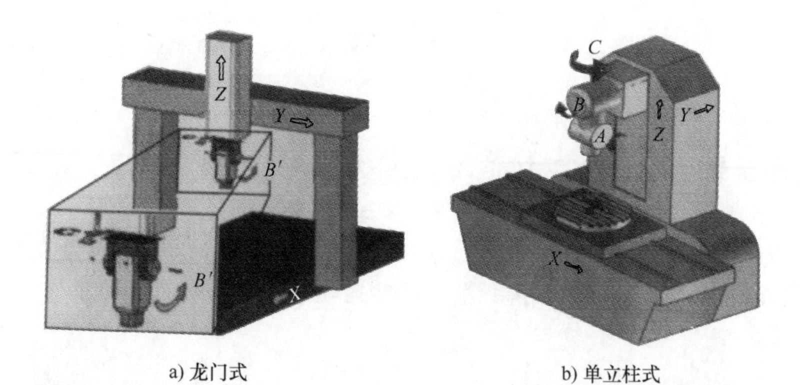

a) 龙门式　　b) 单立柱式

图 12-9　双摆头形式的 5 轴联动加工中心

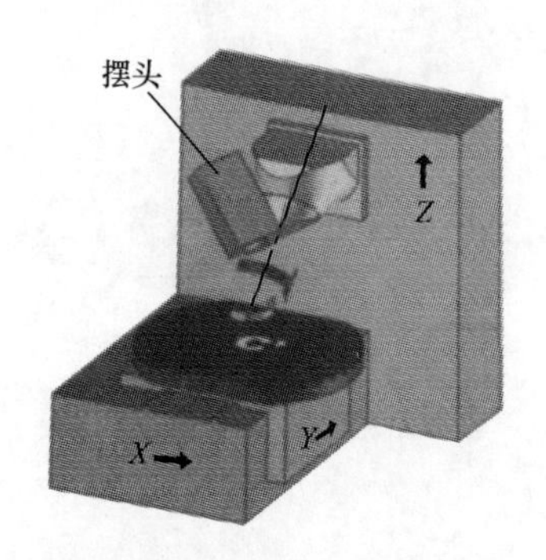

图 12-10　一摆头一摆台结构

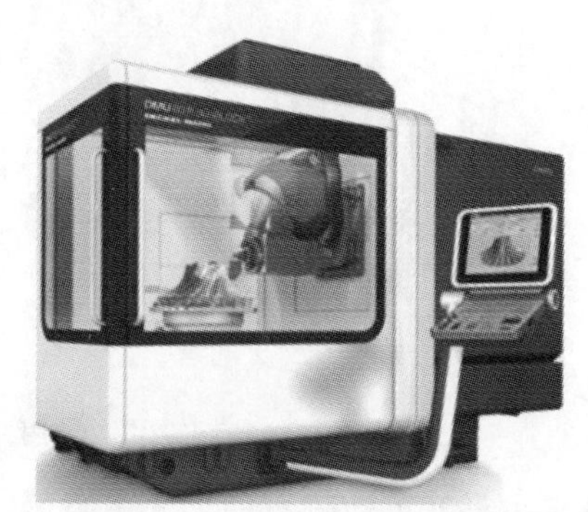

图 12-11　一摆头一摆台的 5 轴联动加工中心加工叶轮

12.4　多轴加工应用技术研究

12.4.1　多轴加工的理解

多轴加工就是多坐标加工，它与普通的二坐标平面轮廓加工、点位加工、三坐标曲面加工的本质区别是增加了旋转运动，即多轴加工时主轴的姿态角度不再是固定不变的，而是根据加工需要随时调整。多轴加工的直线运动轴及旋转轴的组合可分为以下几种情况：3 个直线轴同 1 ~ 2 个旋转轴的联动；1 ~ 2 个直线轴和 1 ~ 2 个旋转轴的联动；3 个直线轴和 3 个旋转轴的联动。

图 12-12　单叶片

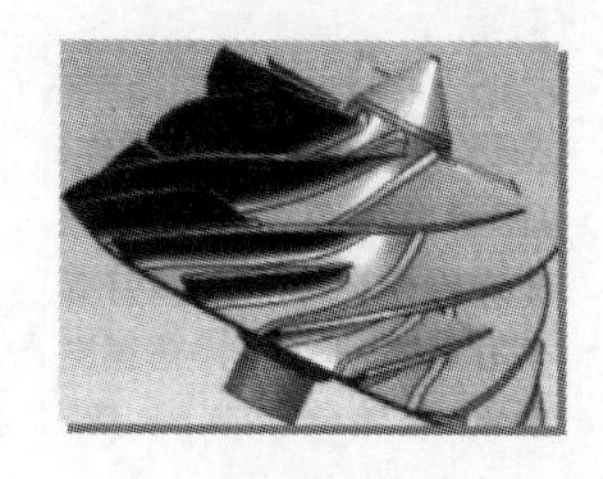

图 12-13　叶轮

图 12-14　柱面凸轮槽

图 12-12 ~ 图 12-14 所示为需要使用多轴加工的零件。图 12-12 所示为单个叶片零件，用 3 轴加工方法可以加工，但用 4 轴或 5 轴加工质量会更好。图 12-13 所示为整体叶轮零件，

用3轴联动加工不可避免地会产生干涉，用5轴加工可解决此问题。图12-14所示的零件在柱面开槽，需要三个直线轴加一个旋转轴加工。

12.4.2 多轴加工的目的

1. 利用多轴机床可加工更加复杂的型面

没有多轴机床时，加工复杂零件的方法是：用3轴机床和球头立铣刀加工。为避免干涉，需要把一个零件通过二次安装等方法分解为若干个零件进行加工。有了多轴机床后，可以整体加工复杂零件，定位更简单。

2. 利用多轴机床加工可以明显提高加工质量

（1）用3个直线轴联动加工曲面时，通常采用球头立铣刀加工工件　如图12-15所示，同一工件，刀具垂直于工件表面与刀具不垂直于工件表面两种加工方式，产生的工件表面质量不同。刀具垂直于工件表面时，刀具刀尖处切削速度为零，相当于刀具在挤压被切削材料而不是做切削运动，所以此区域加工表面质量较差。把刀轴倾斜一定的角度，使刀具与工件接触点的切削速度明显提高，切削质量可以改善。

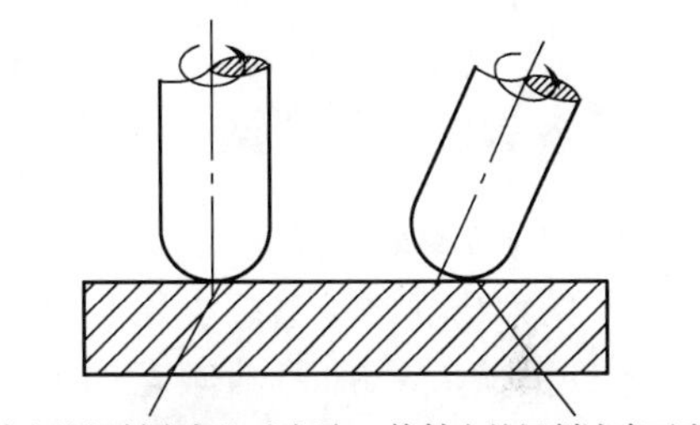

图12-15　不同刀轴角度的加工状态

（2）多轴联动加工可以提高变斜角平面的加工质量　图12-16所示的变斜角平面零件，如不用多轴机床加工，基本方法是分段加工，即采用不同斜角的铣刀分别加工这个零件，或者把零件分别倾斜不同角度来分段铣削，然后在衔接处人工修磨。这样的方法表面质量差，加工时间长。

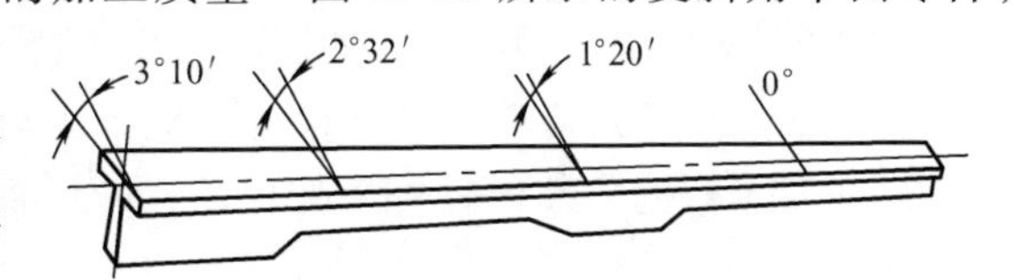

图12-16　变斜角平面零件

使用多轴数控机床加工此零件，可使用立铣刀的侧刃一次精加工出来。加工表面质量能得到保证，切削效率也能提高。

（3）多轴联动加工可以提高叶片类零件前后缘的加工质量　叶片类零件既可以采用3轴加工也可以采用多轴加工。如果采用3轴加工，只能先完成一面的加工之后，再加工另一面。此方法带来两个问题，一是变形，二是边缘不光顺。零件变形是零件加工过程中常遇到的问题，叶片类零件变形更为明显。如果一面加工完再加工另一面，最后精加工时零件的支撑力就会很小，零件的加工变形就会特别严重。除非在叶片的反面加上辅助支撑，或者采用小直径刀具高速切削以减少切削力。即使这样，变形问题依然存在，而且边缘不光顺问题依然存在。

如图12-17所示，采用3轴加工时，刀具运行到边缘的最大点处就必须折返，在折返点产生刀痕，使得边缘很不光顺，影响加工精度。如果采用4轴加工，可用一夹一顶的装夹方式，如图12-18所示。采用刀具环绕零件连续加工的方法，可以从叶尖部逐渐加工到叶根部。叶片零件的余量不是一次单边去除，而是正反面均匀去除，因而不会降低零件的刚性，变形量少。由于刀具环绕零件加工，使得切削时没有或很少有折返现象，前后缘的表面质量和光顺程度可以大大提高。

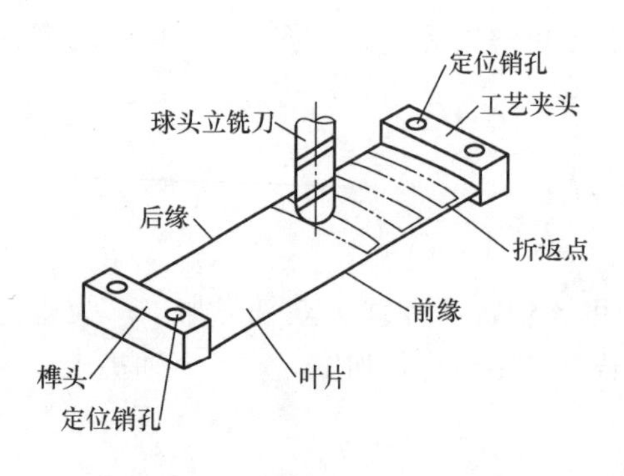

图 12-17 3 轴机床铣削叶片示意图

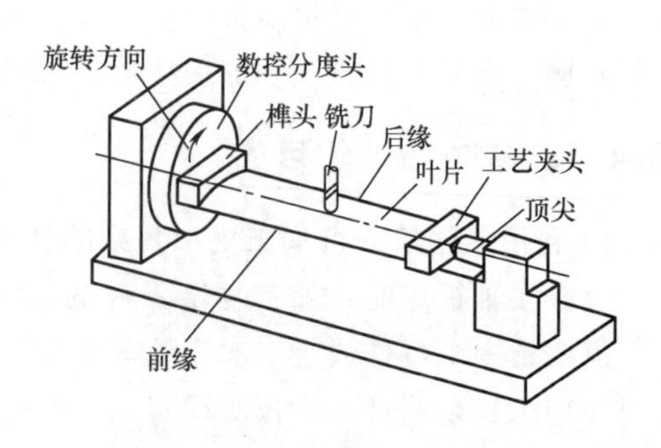

图 12-18 4 轴机床铣削叶片示意图

12.4.3 多轴加工的特点

1. 编程相对复杂

4 轴、5 轴编程比 3 轴编程复杂，一般需要通过 CAD/CAM 软件实现。原因如下：一是要考虑零件的旋转或是刀轴倾角的变化；二是每种铣削方式有多种设置；三是后置处理（机床运动关系、刀具长度、机床结构尺寸、工装夹具尺寸及工件的安装等）复杂。

2. 工艺顺序与 3 轴不同

3 轴编程和加工的顺序是：用 CAD/CAM 软件建立零件模型⟶生成刀具路径⟶生成数控加工代码⟶装夹零件⟶找正⟶建立工件坐标系⟶加工。

5 轴编程和加工的顺序是：用 CAD/CAM 软件建立零件模型⟶生成刀具路径⟶装夹零件⟶找正⟶建立工件坐标系⟶机床运动关系、刀具的长度、机床结构尺寸、工装夹具的尺寸及工件的安装位置等后处理的参数设置⟶生成数控加工代码⟶加工。

12.4.4 多轴加工实例分析

1. 斜筋结构件的加工

图 12-19 所示的斜筋结构件，其毛坯尺寸为 150mm × 150mm × 32mm，外形已经过预加工，材料为硬铝合金，现要求在 5 轴机床上加工田字形凹槽结构。图 12-20 为田字形凹槽部分的立体图。

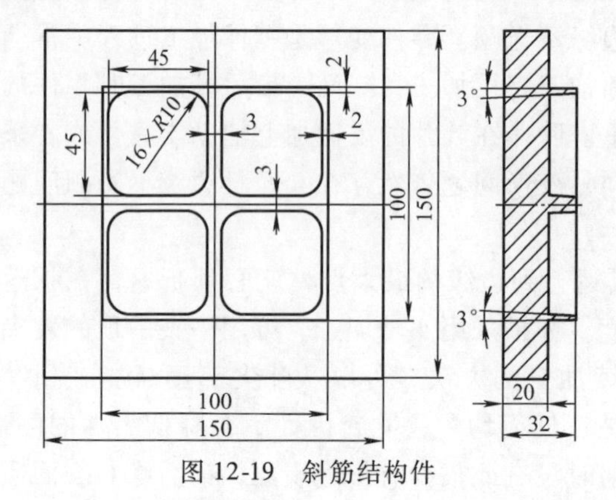

图 12-19 斜筋结构件

图 12-20 田字形凹槽部分的立体图

基本工艺过程如下。

（1）粗加工型腔　用平面轮廓加工的方法加工型腔。用 $\phi 10\mathrm{mm}$ 硬质合金键槽铣刀，分层加工，每层背吃刀量为 2mm，拔模斜度方向单边留 1mm 的半精加工余量。

（2）半精加工型腔　用变轴顺序铣方法，分多刀加工斜筋型腔，每次切削宽度为 0.5mm。

（3）精加工型腔　用变轴顺序铣方法，一刀次精加工斜筋型腔。切削宽度为 0.3mm。

思考：如使用 3 轴数控机床加工图 12-20 所示的田字形凹槽，工艺如何排。

2. 柱面凸轮加工

如图 12-21 所示的柱面凸轮零件，其毛坯尺寸为 $\phi 100\mathrm{mm}\times 190\mathrm{mm}$，外形已经过预加工，材料为 45 钢。现要求在 4 轴立式加工中心上加工凸轮柱面槽部分，柱面槽为 $y=60\sin(x)$ 的曲线，该曲线围绕 $\phi 100\mathrm{mm}$ 外圆一周。图 12-22 所示为该凸轮柱面槽圆周方向展开图。

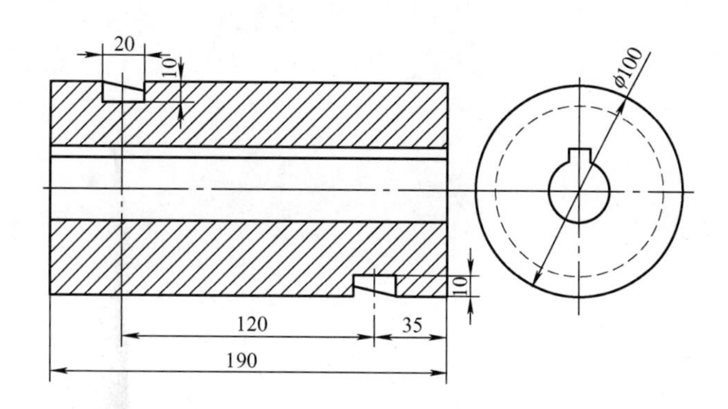

图 12-21　柱面凸轮

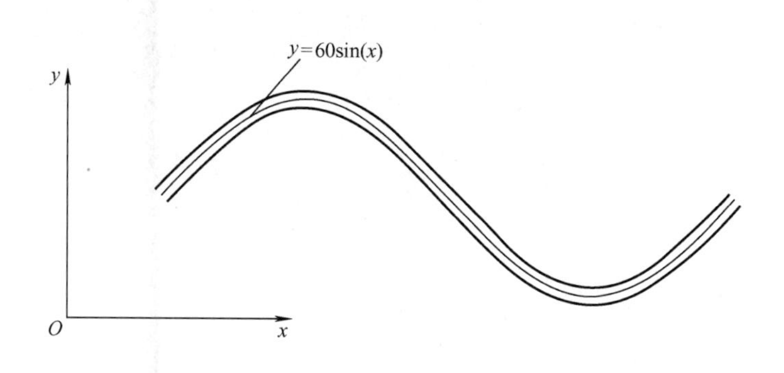

图 12-22　凸轮柱面槽圆周方向展开图

基本工艺过程如下。

（1）粗加工柱面槽　用 $\phi 18\mathrm{mm}$ 高速钢立铣刀分 2 次粗加工柱面槽，背吃刀量为 5mm，转速为 300r/min，进给速度为 100mm/min。

（2）精加工柱面槽　用 $\phi 20\mathrm{mm}$ 高速钢立铣刀一次精加工柱面槽，转速为 400r/min，进给速度为 100mm/min。

注意：粗、精加工时，刀具中心运动轨迹按 $y=60\sin(x)$ 设计；编制程序时，要把 y、x 分别转换与机床坐标系相对应的形式。

12.5 多轴加工编程及仿真

多轴数控机床编程技术比3轴机床要复杂得多，手工编程一般满足不了要求，因而一般借助CAD/CAM软件来实现编程，如UG、Pro/E、Cimatron、CAXA制造工程师及Delcam PowerMILL等软件。为了校验上述软件生成的程序在实际机床上运行的正确性，一般要进行加工前的过程仿真或轨迹仿真，较为成熟的仿真软件有Delcam PowerMILL、VERICUT等。

第 13 章　编程练习题

1. 如图 13-1a 所示，工件毛坯尺寸为 100mm × 100mm × 30mm，材料为 45 钢。根据图13-1b 所示编制其数控铣削加工工艺、确定装夹方案、编制数控铣削（或加工中心）加工程序。

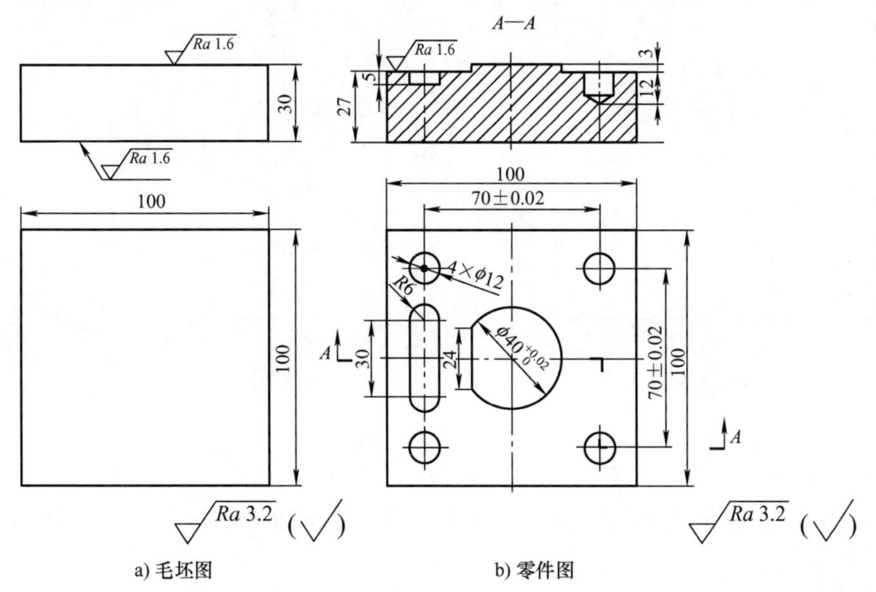

a) 毛坯图　　b) 零件图

图 13-1　题 1 图

2. 如图 13-2 所示，件一、件二的毛坯尺寸为 80mm × 80mm × 25mm、80mm × 80mm × 20mm，材料为 45 钢。编制其数控铣削加工工艺、确定装夹方案、编制数控铣削（或加工中心）加工程序。

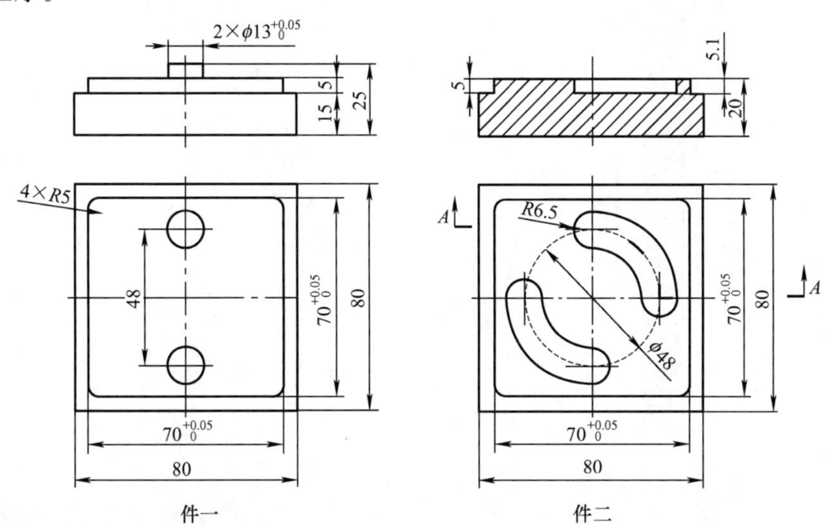

图 13-2　题 2 图

要求：件一通过两个圆柱与件二的圆弧槽配合。配合后，件一可以在圆弧槽内滑动，件一和件二配合后间隙小于 0. 05mm。

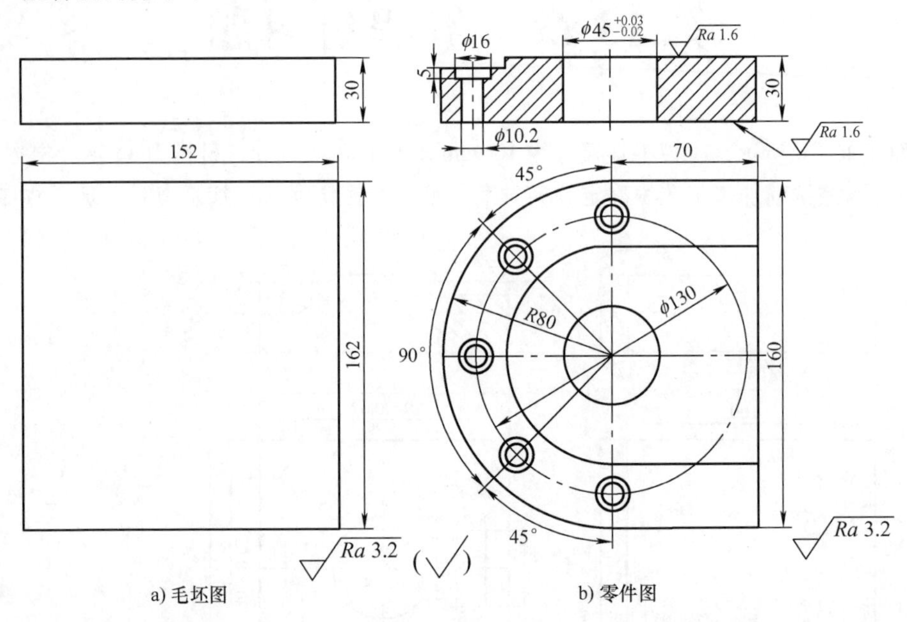

a) 毛坯图　　b) 零件图

图 13-3　题 3 图

3. 如图 13-3a 所示，工件毛坯尺寸为 152mm × 162mm × 30mm，材料为 45 钢。根据图 13-3b 所示零件图，编制其数控铣削加工工艺、确定装夹方案、编制数控铣削（或加工中心）加工程序。

4. 如图 13-4 所示，ϕ375mm × 30mm，ϕ40mm 孔及 12mm 宽键槽在上一道工序得到保证，材料为 45 钢。编制孔的数控铣削加工工艺、确定装夹方案、编制数控铣削（或加工中心）加工程序。

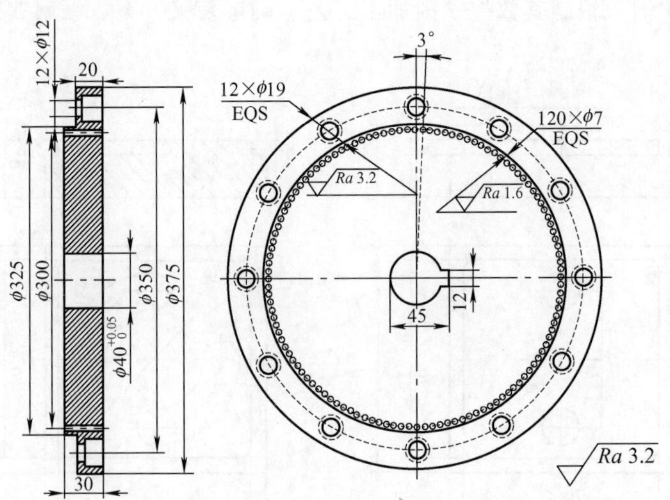

图 13-4　题 4 图

5. 如图 13-5a 所示，工件毛坯尺寸为 96mm × 70mm × 23mm，材料为 45 钢。根据图13-5b所示编制其数控铣削加工工艺、确定装夹方案、编制数控铣削（或加工中心）加工程序。

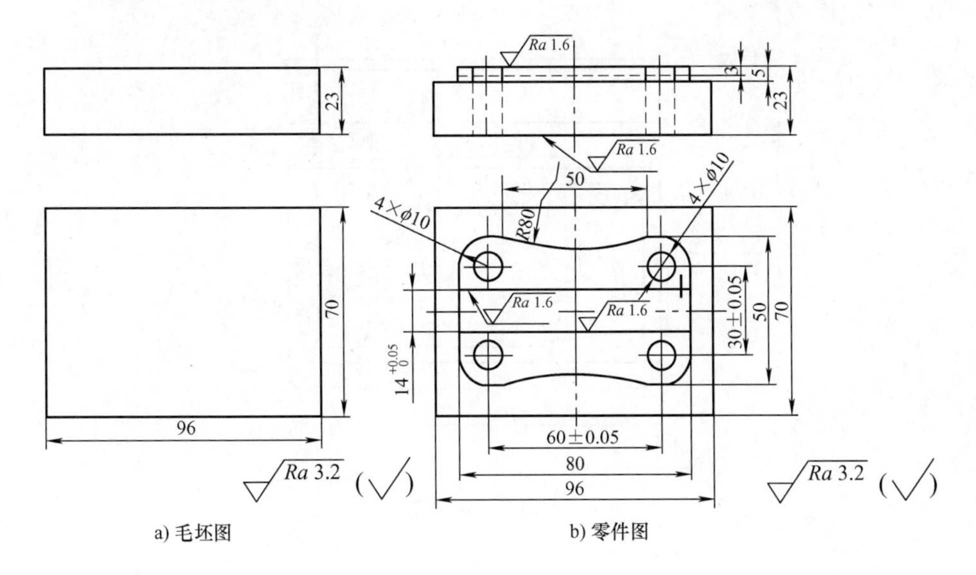

a) 毛坯图　　b) 零件图

图 13-5　题 5 图

6. 如图 13-6a 所示，工件毛坯尺寸为 100mm × 80mm × 20mm，材料为 45 钢。根据图 13-6b所示编制其数控铣削加工工艺、确定装夹方案、编制数控铣削（或加工中心）加工程序。

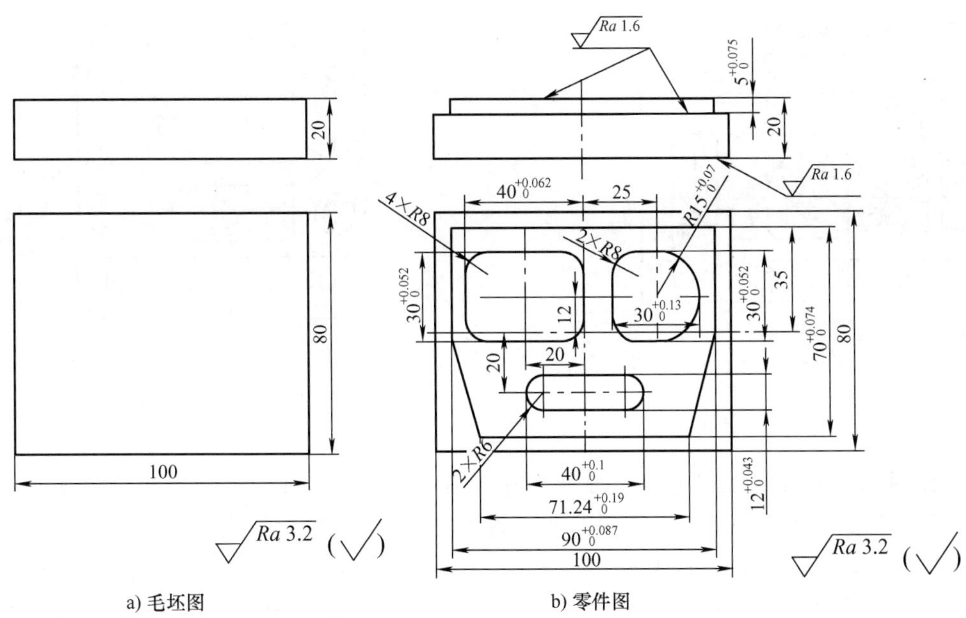

a) 毛坯图　　b) 零件图

图 13-6　题 6 图

7. 如图 13-7 所示，工件毛坯尺寸为 100mm × 60mm × 20mm，上下表面、轮廓四周的尺寸及其表面质量已在上一道工序得到保证，材料为 45 钢。编制其数控铣削加工工艺、确定装夹方案、编制数控铣削（或加工中心）加工程序。

8. 如图 13-8 所示，工件毛坯尺寸为 77mm × 70mm × 35mm，上下表面、轮廓四周的尺寸及其表面质量已在上一道工序得到保证，材料为 45 钢。编制其数控铣削加工工艺、确定装夹方案、编制数控铣削（或加工中心）加工程序。

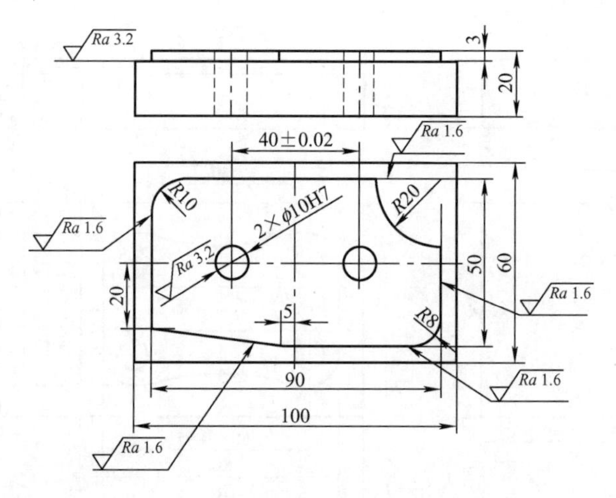

图 13-7　题 7 图

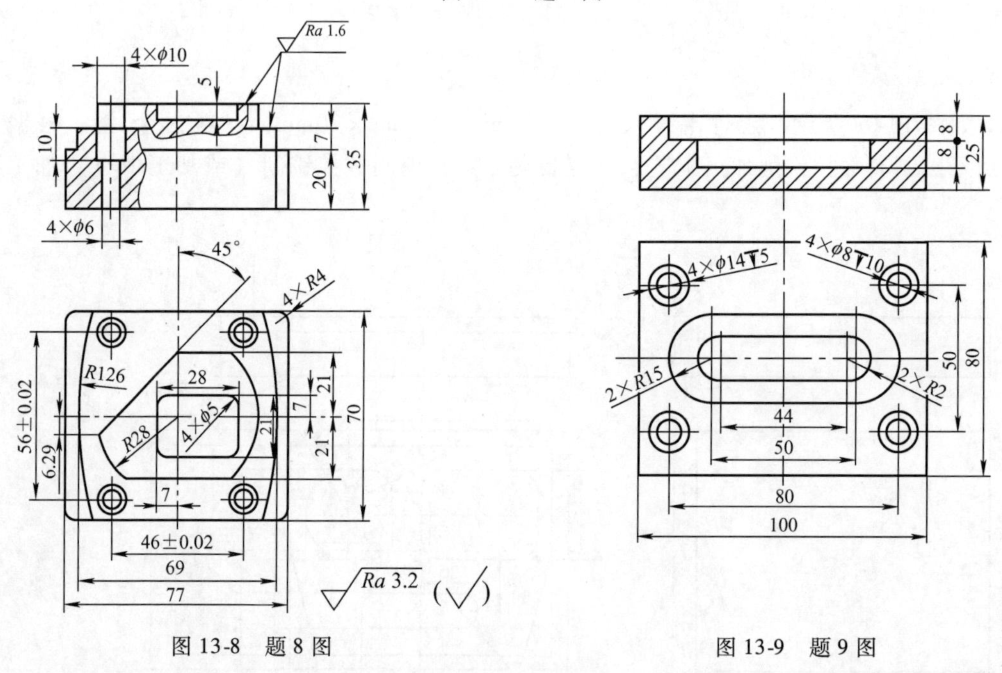

图 13-8　题 8 图

图 13-9　题 9 图

9. 如图 13-9 所示，工件毛坯尺寸为 100mm × 80mm × 25mm，上下表面及轮廓四周的尺寸及其表面质量已在上一道工序得到保证，材料为 45 钢。编制其数控铣削加工工艺、确定装夹方案、编制数控铣削（或加工中心）加工程序。

10. 如图 13-10 所示，工件毛坯尺寸为 100mm × 100mm × 30mm，上下表面、轮廓四周的尺寸及其表面质量已在上一道工序得到保证，材料为 45 钢。编制其数控铣削加工工艺、确定装夹方案、编制数控铣削（或加工中心）加工程序。

11. 如图 13-11 所示，工件毛坯尺寸为 100mm × 100mm × 30mm，上下表面、轮廓四周的尺寸及其表面质量已在上一道工序得到保证，材料为 45 钢。编制其数控铣削加工工艺、确定装夹方案、编制数控铣削（或加工中心）加工程序。

12. 如图 13-12 所示，工件毛坯尺寸为 100mm × 100mm × 25mm，上下表面、轮廓四周的尺寸及其表面质量已在上一道工序得到保证，材料为 45 钢。编制其数控铣削加工工艺、确定装夹方案、编制数控铣削（或加工中心）加工程序。

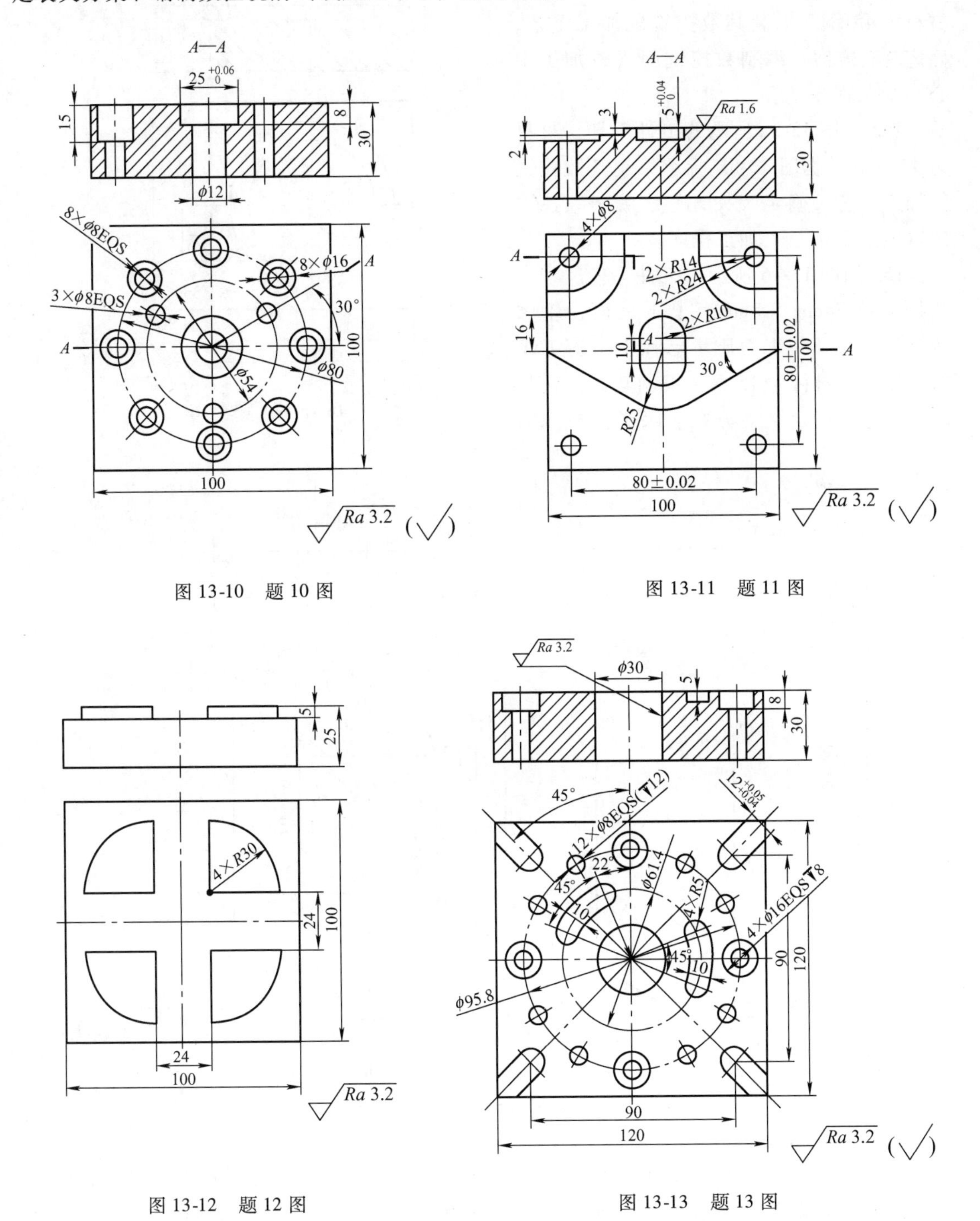

图 13-10　题 10 图

图 13-11　题 11 图

图 13-12　题 12 图

图 13-13　题 13 图

13. 如图 13-13 所示，工件毛坯尺寸为 120mm × 120mm × 30mm，上下表面、轮廓四周的尺寸及其表面质量已在上一道工序得到保证，材料为 45 钢。编制其数控铣削加工工艺、确定装夹方案、编制数控铣削（或加工中心）加工程序。

14. 如图 13-14 所示，工件毛坯尺寸为 80mm × 80mm × 25mm，上下表面、轮廓四周的尺寸及其表面质量已在上一道工序得到保证，材料为45钢。编制其数控铣削加工工艺、确定装夹方案、编制数控铣削（或加工中心）加工程序。

15. 如图13-5a所示的工件毛坯，材料为45钢。根据图13-5b所示编制其数控铣削加工工艺、确定装夹方案、编制数控铣削（或加工中心）加工程序。

16. 如图13-16所示，工件毛坯尺寸为204mm × 154mm × 8mm，上下表面、轮廓四周的尺寸及其表面质量已在上一道工序得到保证，材料为45钢。编制其数控铣削加工工艺、确定装夹方案、编制数控铣削（或加工中心）加工程序。

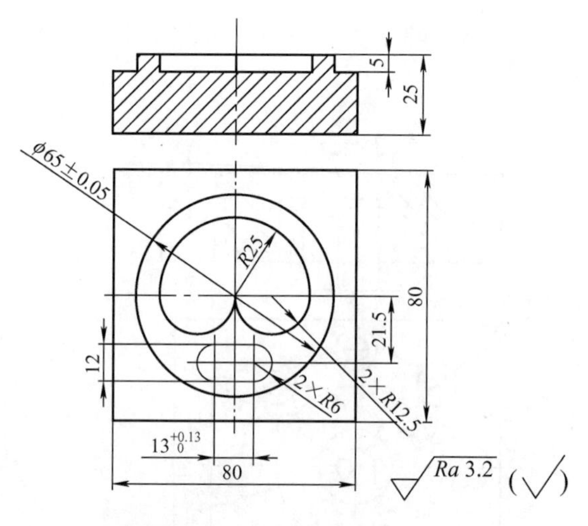

图13-14　题14图

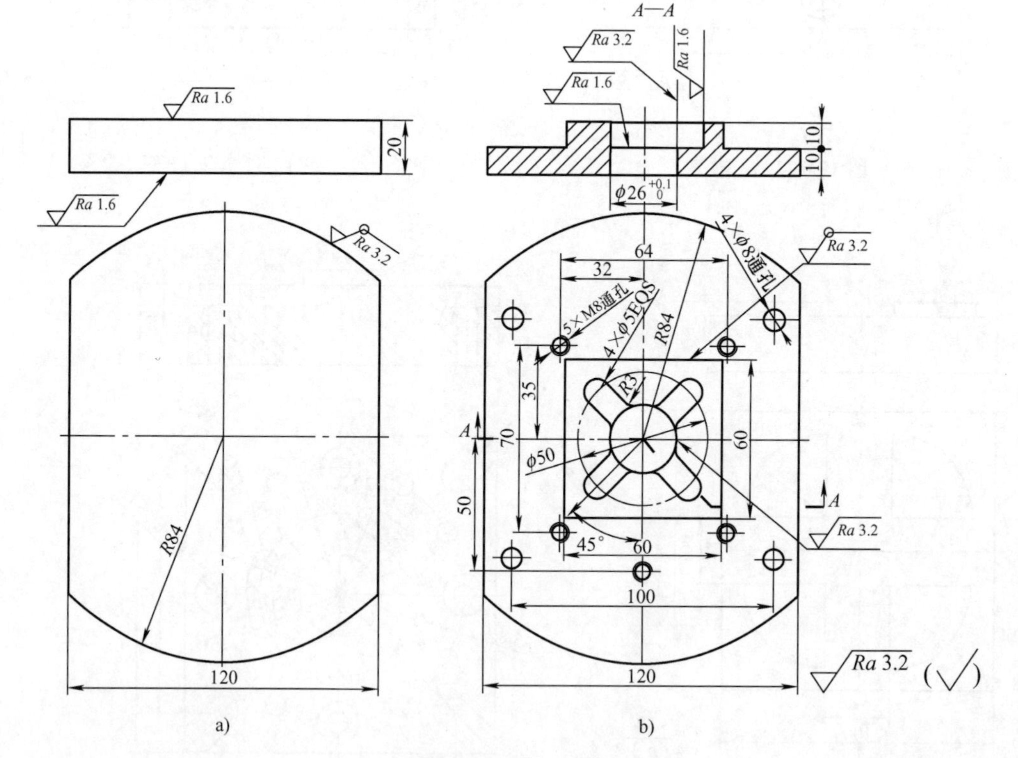

图13-15　题15图

17. 如图13-17所示，工件毛坯尺寸为380mm × 75mm × 8mm，上下表面、轮廓四周的尺寸及其表面质量已在上一道工序得到保证，材料为不锈钢。编制其数控铣削加工工艺、确定装夹方案、编制数控铣削（或加工中心）加工程序。

18. 如图13-18所示，ϕ200mm × 300mm、内圆ϕ180mm、ϕ170mm及其表面质量已在上一道工序得到保证，材料为45钢。编制孔系的数控铣削加工工艺、确定装夹方案、编制数控铣削（或加工中心）加工程序。

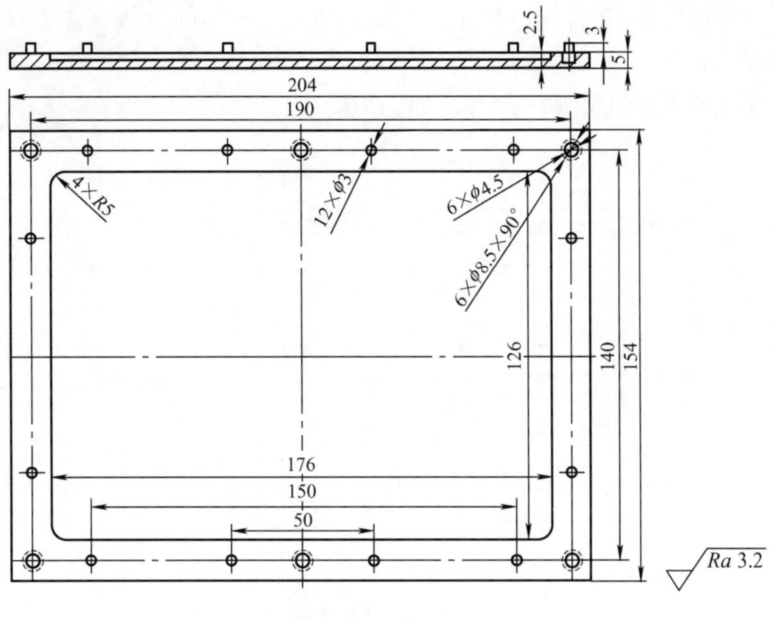

图 13-16　题 16 图

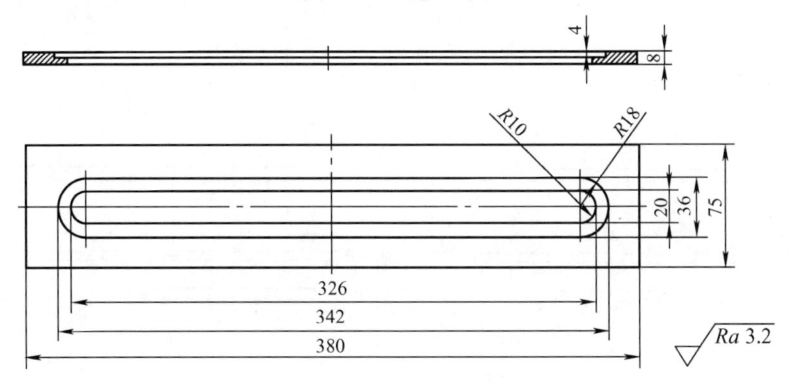

图 13-17　题 17 图

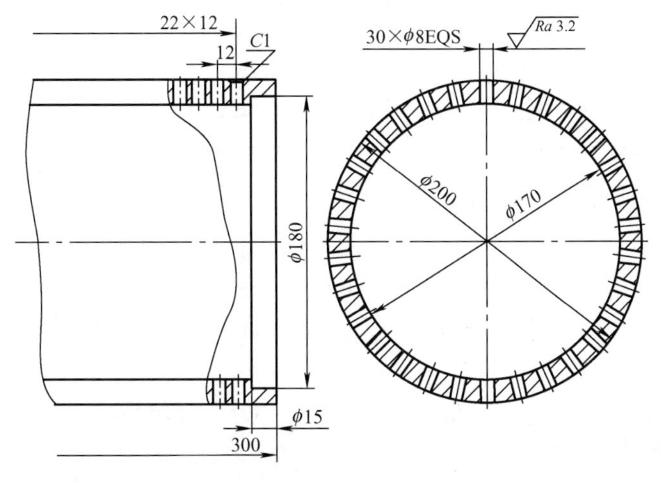

图 13-18　题 18 图

19. 如图 13-19 所示，工件毛坯尺寸为 85mm × 85mm × 28mm，上下表面、轮廓四周的尺寸及其表面质量已在上一道工序得到保证，材料为 45 钢。编制其数控铣削加工工艺、确定装夹方案、编制数控铣削（或加工中心）加工程序。

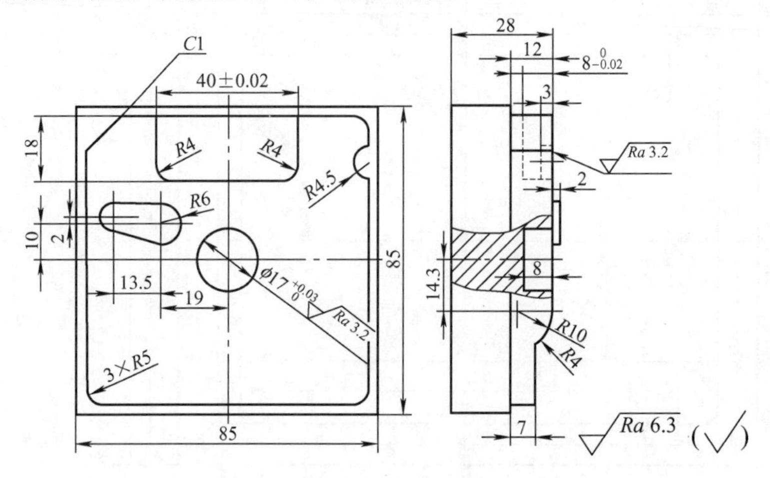

图 13-19　题 19 图

20. 如图 13-20a 所示的工件毛坯，材料为 QT500-7；根据图 13-20b 编制其数控铣削加工工艺、确定装夹方案、编制数控铣削（或加工中心）加工程序。

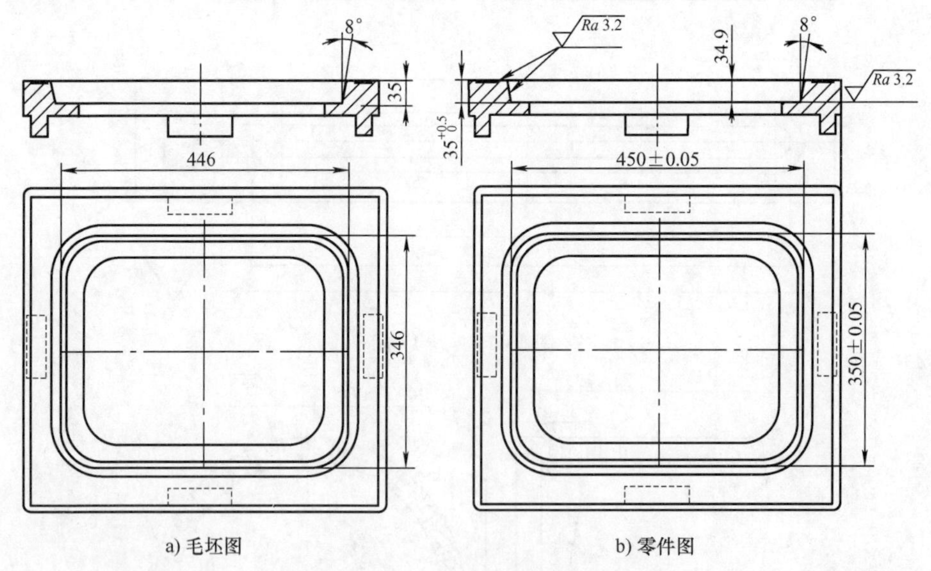

图 13-20　题 20 图

21. 如图 13-21 所示，工件毛坯尺寸为 128mm × 45mm × 50mm，上下表面、轮廓四周的尺寸及其表面质量已在上一道工序得到保证，材料为 45 钢。编制其数控铣削加工工艺、确定装夹方案、编制数控铣削（或加工中心）加工程序。

22. 如图 13-22 所示，工件毛坯尺寸为 90mm × 80mm × 14mm，上下表面、轮廓四周的尺寸及其表面质量已在上一道工序得到保证，材料为 45 钢。编制其数控铣削加工工艺、确定装夹方案、编制数控铣削（或加工中心）加工程序。

23. 如图 13-23 所示，工件毛坯尺寸为 314mm × 76mm × 10mm，上下表面、轮廓四周的尺寸及其表面质量已在上一道工序得到保证，材料为45钢。编制其数控铣削加工工艺、确定装夹方案、编制数控铣削（或加工中心）加工程序。

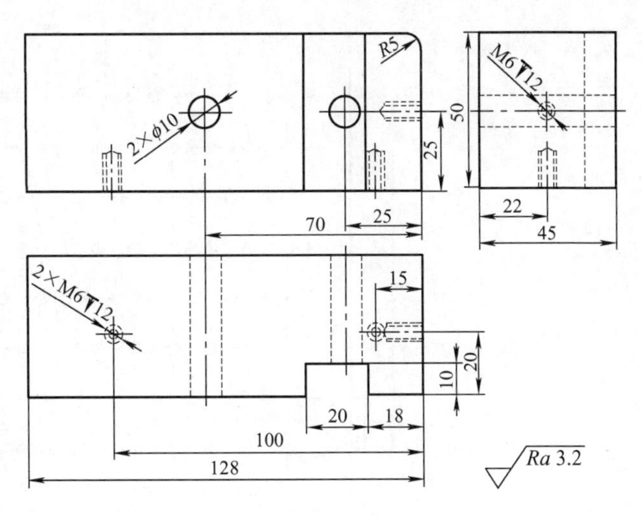

图 13-21　题 21 图

24. 如图 13-24 所示，工件毛坯尺寸为 60mm×40mm×25mm，上下表面、轮廓四周的尺寸及其表面质量已在上一道工序得到保证，材料为45钢。编制其数控铣削加工工艺、确定装夹方案、编制数控铣削（或加工中心）加工程序。

25. 如图 13-25 所示，工件毛坯尺寸为 60mm × 20mm × 20mm，上下表面、轮廓四周的尺寸及其表面质量已在上一道工序得到保证，材料为45钢。编制其数控铣削加工工艺、确定装夹方案、编制数控铣削（或加工中心）加工程序。

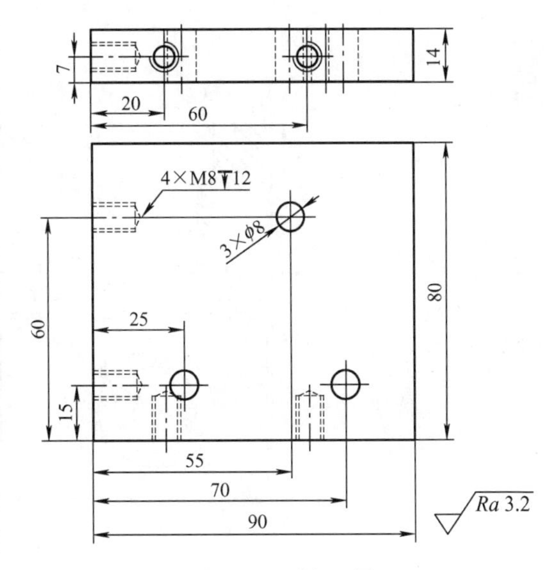

图 13-22　题 22 图

26. 如图 13-26 所示，工件毛坯尺寸为 110mm×65mm×10mm，上下表面、轮廓四周的尺寸及其表面质量已在上一道工序得到保证，材料为45钢。编制其数控铣削加工工艺、确定装夹方案、编制数控铣削（或加工中心）加工程序。

27. 如图 13-27 所示，工件毛坯尺寸为 90mm×40mm×25mm，上下表面、轮廓四周的尺寸及其表面质量已在上一道工序得到保证，材料为45钢。编制其数控铣削加工工艺、确定装夹方案、编制数控铣削（或加工中心）加工程序。

28. 如图 13-28 所示，工件毛坯尺寸为 60mm×15mm×35mm，上下表面、轮廓四周的尺寸及其表面质量已在上一道工序得到保证，材料为45钢。编制其数控铣削加工工艺、确定装夹方案、编制数控铣削（或加工中心）加工程序。

29. 如图 13-29 所示，工件毛坯尺寸为 250mm×400mm×30mm，上下表面、轮廓四周的尺寸及其表面质量已在上一道工序得到保证，材料为45钢。编制其数控铣削加工工艺、确定装夹方案、编制数控铣削（或加工中心）加工程序。

30. 如图 13-30 所示，高度尺寸 110mm、120mm，直径尺寸 ϕ255mm、ϕ180mm、ϕ240mm，未注倒角 $C1$ 及其表面质量已在上一道工序得到保证，材料为45钢。编制其余部分（孔及轮廓）的数控铣削加工工艺、确定装夹方案、编制数控铣削（或加工中心）加工程序。

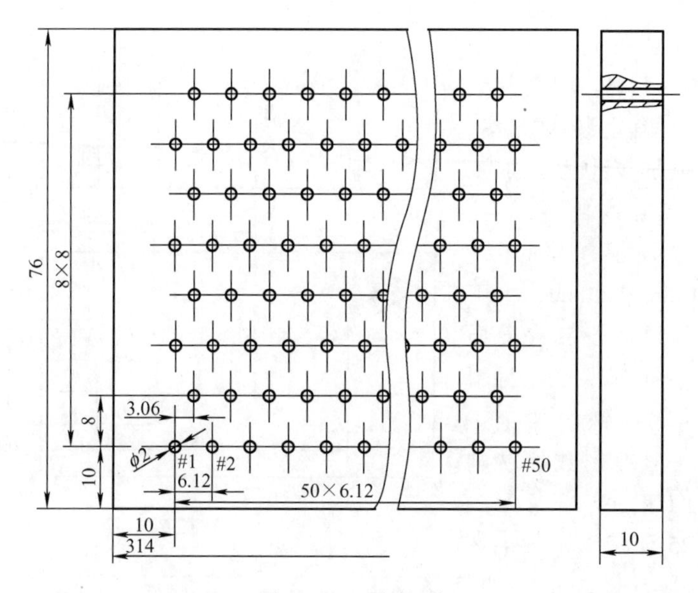

图 13-23　题 23 图

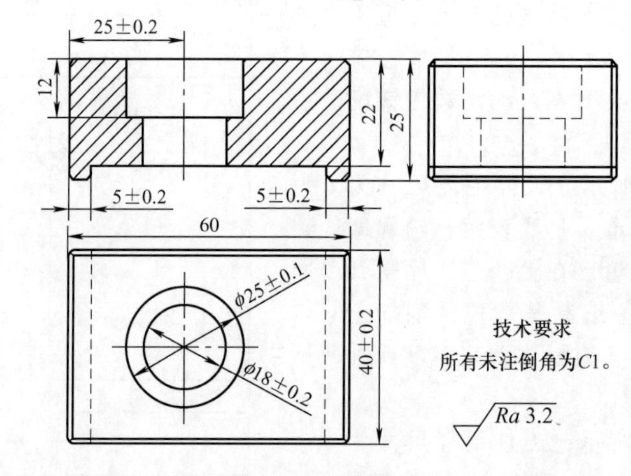

图 13-24　题 24 图

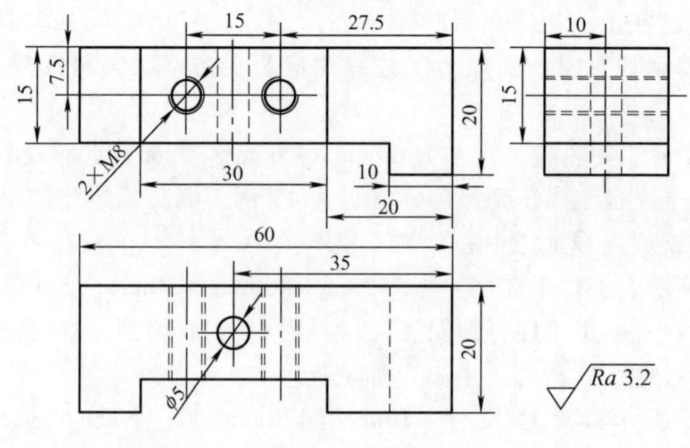

图 13-25　题 25 图

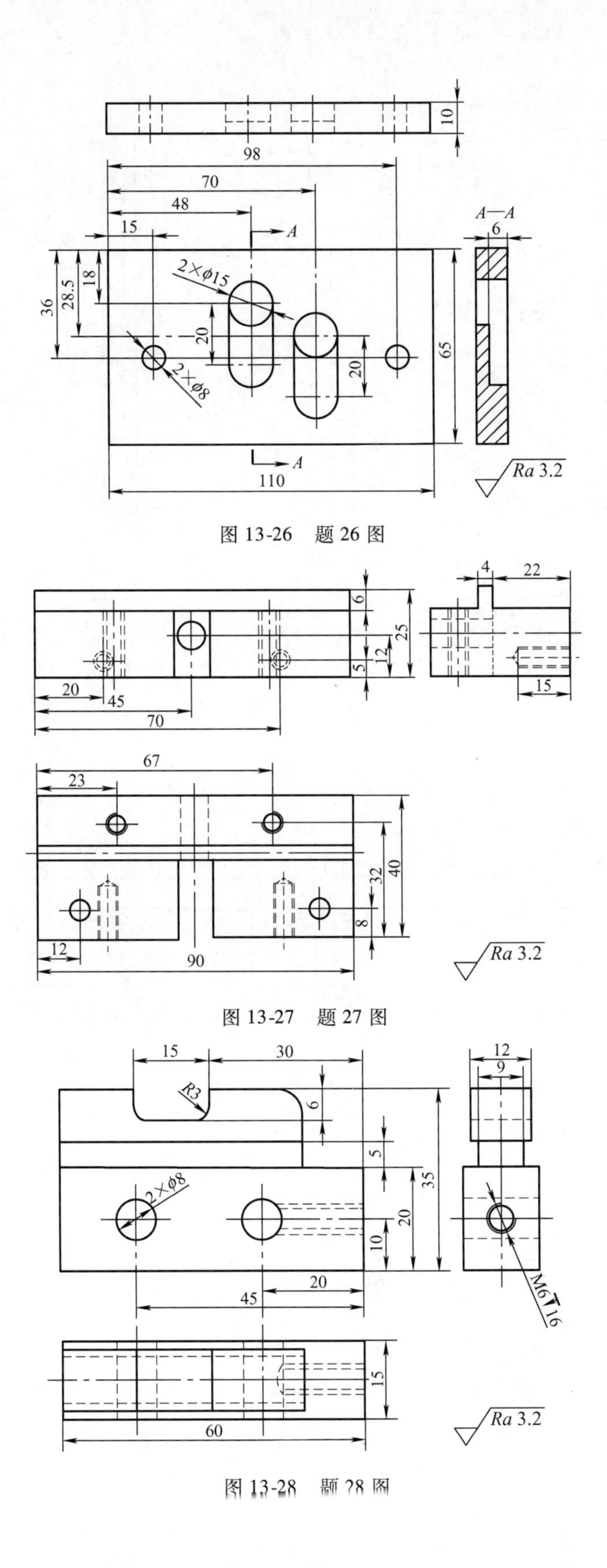

图 13-26　题 26 图

图 13-27　题 27 图

图 13-28　题 28 图

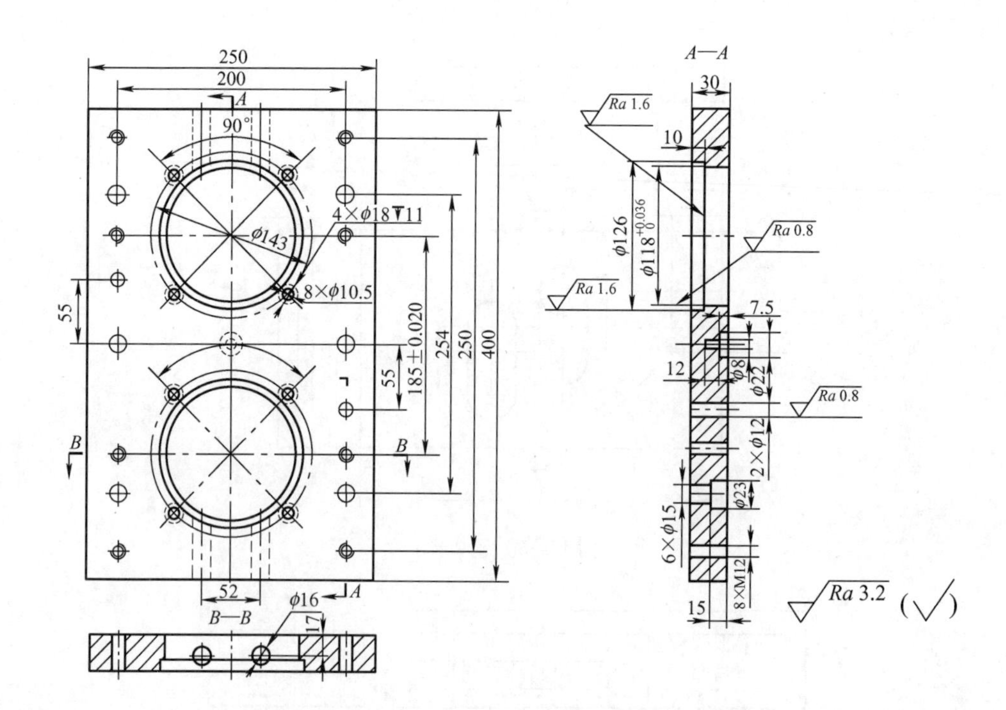

图 13-29　题 29 图

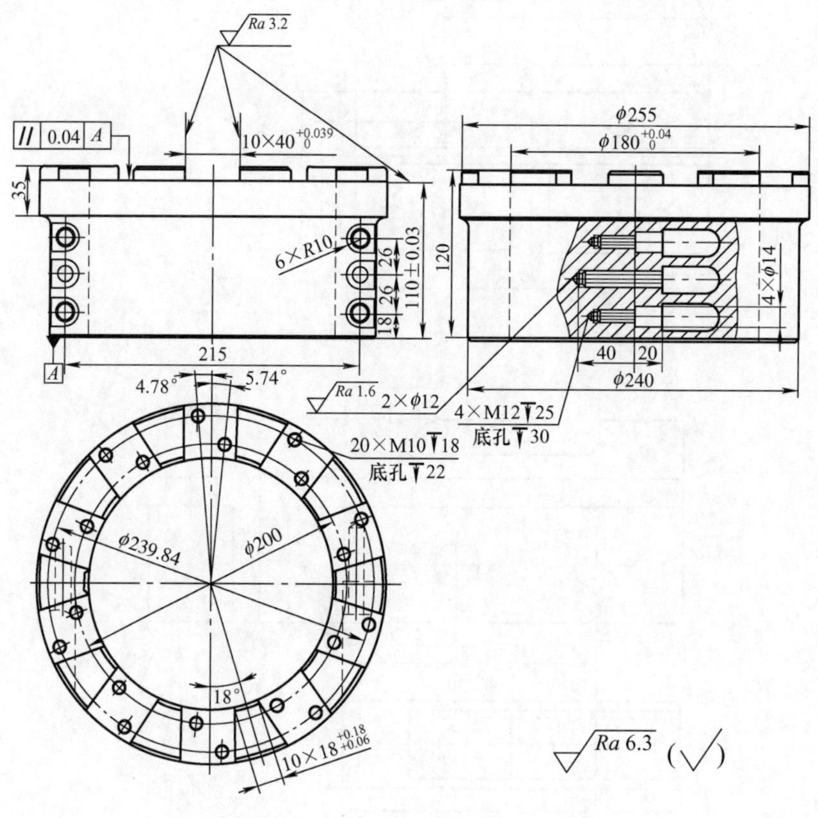

图 13-30　题 30 图

参考文献

[1] 陈海舟．数控铣削加工宏程序及应用实例［M］．北京：机械工业出版社，2006.

[2] 宋放之．数控机床多轴加工技术实用教程［M］．北京：清华大学出版社，2010.

[3] 华茂发．数控机床加工工艺［M］．北京：机械工业出版社，2005.

[4] 赵长明，刘万菊．数控加工工艺及设备［M］．北京：高等教育出版社，2003.

[5] 汪荣青，邱建忠．数控加工工艺［M］．北京：化学工业出版社，2010.

[6] 徐宏海，谢富春．数控铣床［M］．北京：化学工业出版社，2003.

[7] 周虹．数控编程与操作［M］．西安：西安电子科技大学出版社，2007.